ダイナソー・ブルース

ダイナソー・ブルース

恐竜絶滅の謎と科学者たちの戦い

DINOSAUR BLUES

尾上哲治

閑人堂

プロローグ

数年前のある出来事が、私がこの本を書く大きなきっかけになった。

シュラトミンク国際会議――二〇一二年九月

初めて訪れたザルツブルクの街は、ガイドブックで見た印象よりずっとこぢんまりしていた。かつての川の浸食により削りとられた断崖と、現在流れるザルツァハ川の間に、ちょうど人間が利用できるくらいの平地が残されており、ここに旧市街の建物がぎゅうぎゅう詰めにならんでいる。私が訪れた日はあいにくの曇り空で、あたりはどんより薄暗かった。

二〇一二年九月六日。まだ九月上旬の昼間だというのに、気温は一五度しかない。

旧市街から少し離れた場所に、ザルツブルク駅がある。私はここからザルツァハ川に沿って南へ向かう列車に乗った。岩塩の生産で富を築いたハラインの工場街を過ぎたあたりから、渓谷は徐々に狭くなりはじめる。そしてついには、空の半分ほどが灰色の断崖絶壁により遮られた。

今回の旅の目的地はアルプス山間部のスキーリゾート地、オーストリアのシュラトミンクである。

私のガイドブックには載っていないほど小さなこの村にやってきたのは、「国際堆積学会」に参加するためだ。参加者八〇〇人ほどの比較的小規模な学会で、年に一度、地層や過去の地球環境についての研究発表が行なわれる。

例年、ヨーロッパ各国を中心とした研究者が集まり、「今年はこのような論文を書いた」「去年からこのデータが増えた」といった講演が、三日間続けて開催される。研究職をねらう博士課程の学生を除いては、いつもの顔ぶれが年に一度の近況報告をする、比較的のんびりとした学会である。

二〇一二年のヨーロッパは、九月にしては異常といえるほど寒かった。ふだんはけっして不用意な発言をしない研究者も〝地球寒冷化だ〟などとジョークを飛ばしている。シュラトミンクから見えるダッハシュタイン山塊の稜線には、もう雪が積もっていた。

この年の国際堆積学会は、例年ほど注目すべき講演はなかった。だから、と言いわけするつもりはないが、私は二日目の朝の講演時間に、発表が行なわれている会場の外で共同研究者とコーヒーを飲んでいた。学会では、通常いくつかの会場で同時並行して研究発表が行なわれる。私たちがおしゃべりを楽しんでいたのは、各会場の入り口が見わたせる場所だった。

不意にある会場のドアが開き、たくさんの人が外に出てきた。はて？ ランチブレイクにしてはやや早い。カバンにしまっていた講演のタイムテーブルを開いて、スケジュールを確認してみた。やはり、たったいま人が出てきた会場では、これからもう二件の講演が予定されている。

残り二つの講演には、次のタイトルがつけられていた。

〈ブラジル北東部の白亜紀／古第三紀境界〉
〈デカン火山活動：白亜紀／古第三紀境界大量絶滅の原因か？〉

白亜紀／古第三紀境界とは、いまから六六〇〇万年前。白亜紀という時代と、続く古第三紀という時代の境界を表わす言葉である。講演のタイトルにある「大量絶滅」とは、短期間（地質学的には一〇〇万年以内）で、世界同時的に、多数の生物種が消え去る大事件のことをいう。地球の歴史のなかでは五回の大量絶滅が知られていて[1]、白亜紀末は巨大な恐竜（正確には、鳥類以外の恐竜。本書では便宜的に非鳥類型恐竜を「恐竜」と呼ぶ）から微小なプランクトンまでが同時期に絶滅したとされる。

私は発表タイトルに興味をひかれ、会場に入ってみた。そこでは、博士課程の学生もしくはポスドク（任期つきの若手研究者）と思われる、やせ形で少し色黒の男性による発表が始まるところだった。いましがた多くの人が出て行った、ゆうに二〇〇人は入れる会場には、パラパラと数えるほどの聴衆しか見てとれない。どうしてみんな出て行ったのだろう？

しかし、最初のスライドがスクリーンに映しだされたところで、なぜ聴衆がこれから始まる講演を前に、一斉に退席したのか理解できた。

〈ゲルタ・ケラー、プリンストン大学〉

スライドの冒頭に記された著者リストのなかに、この名前があったからだ。学会講演での一斉退席という異常事態は、二年前に四一名の科学者たちが望んだとおりの結果なのだろうか。

科学者の共同声明

二〇一〇年、科学雑誌『サイエンス』に白亜紀／古第三紀境界にかんする総説論文が掲載された。総説論文とは、これまで発表された多くの研究成果の要点を整理して、まとめ直したものである。通常は、その分野を専門とする一流の研究者によって書かれる。

この論文の著者は、ドイツ・エアランゲン大学のピーター・シュルテを筆頭とする四一名の研究者だった。論文のタイトルは次のようなものである。[2]

〈チチュルブ天体衝突と白亜紀／古第三紀境界の大量絶滅〉

チチュルブとは、現在のメキシコ・ユカタン半島にある村の名前だ。白亜紀と古第三紀の境界で地球に天体が衝突し、この村を含む領域に巨大なクレーター（チチュルブ・クレーター）をつくった。

この総説論文は、一般読者が興味をもちそうな疑問に、Q&A方式で答える形になっていた。最初に、チチュルブ天体衝突と白亜紀／古第三紀境界を結びつけるさまざまな証拠について。次に、衝突により引き起こされる環境変動について。そして、化石の絶滅記録について。これまでの議論を総括するように展開されている。

論文を入手して読みはじめた私は、どういう意図でこれが書かれたのか、よく理解できずにいた。似たような総説論文を、四一名の著者の一人であるアリゾナ大学のデイヴィッド・クリングが、たった三年前の二〇〇七年に発表している。[3] 同じようなことをここで繰り返す理由はいったいなんだろうか？　疑問を感じながらも最後の章まで読み進めると、総説論文によくある「今後の研究課題」が記されていた。ここで私は、一見控えめな、しかし明確にこの論文の意図を示した一文に目を見張った。

多重衝突説や火山説は、天体衝突による放出物質の地理的・層序的分布と組成、大量絶滅の時期、絶滅を引き起こすために必要な環境変動の規模、これらすべてにおいて説明に失敗している。

つまり、「多重衝突説」と「火山活動説」がまちがいであると、できるだけていねいに解説することと。これが論文の隠された主旨であった。

この論文はマスコミに注目され、新聞をはじめとするメディアを通じて大々的に報じられた。特に、四一名の著者がさまざまな専門分野の超一流研究者であったことがうまく機能した。すなわち、「もはや科学界は、白亜紀／古第三紀境界に起こった大量絶滅はチチュルブ天体衝突で決着と認めた」と一般の人々に印象づけることに成功したのだ。著者の一人、デイヴィッド・クリングは、かつて異端と考えられた大陸移動説が、プレートテクトニクスという科学革命を経て広く一般に認知された例になぞらえた[4]。

この総説論文は、「天体衝突による大量絶滅」説の支持者による〝勝利宣言書〟となった。

＊

いったいどのような心持ちで、この若き講演者に対峙すればよいのだろうか。

いまシュラトミンクで聞いている、ブラジルの白亜紀／古第三紀境界にかんする発表は、地層の証拠写真が多数示されていて、研究の質としてはまずまずの印象をうけた。だが、講演の第二著者ゲルタ・ケラーは、大量絶滅とチチュルブ天体衝突は無関係との説を唱え続けている、反対論者の代表格なのだ。

衝突説が科学界のコンセンサスを得たいま、この会場に聴衆がいる理由はいくつか想像できる。私のようになにも知らずに会場に入ってしまった者、冷やかし半分の者、あるいは「反対者の意見に耳を貸さないわけではない。説得力のある代替案ならいつでも歓迎」と思っている者もいるかもしれない。一方、会場を立ち去った者は、すでに否定された主張を聞いたところで、もはやなにも得るものはないと考えているのだろうか。論理的な議論が成立しそうもない会場の雰囲気は、講演前から準備されていた。

シュラトミンクから日本に帰った私は、あの完全な〝勝利宣言書〟を、もう一度詳しく解析するつもりになっていた。「天体衝突による大量絶滅」説を支持する研究グループの体制に対して、批判的検討を始めようというのではない。自分自身で納得するために、次のことを確かめたかったのである。

――大量絶滅は「天体衝突説」で本当に決着したのか？

「すでに決着したのに、なにをいまさら」と思われるかもしれない。しかしまずは、このシュラトミンク国際会議の二年前に私が経験した出来事について、耳を傾けてほしい。

当時、アメリカ・モンタナ大学の客員教員だった私は、頻繁にモンタナ州を訪れ、恐竜化石の発掘現場に立ち会っていた。最初にことわっておくが、私は恐竜の研究者ではない。地層が重なる順序や広がり、各層に含まれるプランクトン化石などから過去の環境を解読したりする、地質学の一分野「層序学（そうじょ）」が専門だ。モンタナでは恐竜についてではなく、天体衝突前後の環境変化を調べるつもりであったし、共同研究者にもそれを期待されていた。

それでもやはり、現地で日々発掘される恐竜化石と広大な大地を眺めながら、絶滅した恐竜たちが最後に見た情景を想像せずにはいられなかった。


「巨大隕石が放つ光に気がついて、空を見上げただろうか」

「衝突の衝撃波で吹き飛ばされ、熱波に包まれたにちがいない」

「大規模な森林火災、巨大な地震と津波で行き場を失ったはずだ」

「暗闇に包まれて寒冷化した？　それとも異常な温暖化が続いた？」


一九八〇年代に登場した天体衝突説をきっかけに、世界中で、さまざまな分野から、多くの科学者たちが〝恐竜絶滅の謎〟に足を踏み入れた。そして、地球史上最大級の大事件をめぐる、長く激しい科学論争が始まった。これから本書で語るのは、科学における最高の発見物語の一つであり、SF映画もかなわない地球大激変の姿であり、ミステリー小説も色あせるほど波乱に満ちた人間ドラマである。

おもな登場人物

ルイス・アルヴァレス　アメリカの物理学者。一九六八年、ノーベル物理学賞を受賞。息子ウォルターらと「天体衝突による大量絶滅説」を提唱。

ウォルター・アルヴァレス　アメリカの地質学者。天体衝突理論の中心人物。異分野の専門家である父ルイスを研究グループに引き入れた。

ヤン・スミット　オランダの古生物学者。地層中の微化石の記録から突発的な大量絶滅を確信し、アルヴァレス親子の天体衝突説を一貫して支持。

ピーター・ウォード　アメリカの古生物学者。アンモナイトの化石記録を詳細に調べ、漸進的絶滅説から突発的絶滅説へと意見を変えた。

レオ・ヒッキー　アメリカの古生物学者。当初は天体衝突説を批判していたが、陸上植物が突発的に絶滅した証拠を見いだし、支持派に転じる。

ウィリアム・クレメンス　アメリカの古生物学者。漸進的絶滅説を主張し、ルイスらと激しく対立。

デューイ・マクリーン　アメリカの地質学者。二酸化炭素による温暖化が大量絶滅の原因として衝突説を受け入れず、ルイスらに追い込まれていく。

ゲルタ・ケラー　アメリカの古生物学者。三〇年以上、「天体衝突による大量絶滅説」に反対し続ける勢力の中心人物。

ヴォルフガング・スティネスベック　ドイツの古生物学者。ケラーとともにアルヴァレス陣営と対立。

ヴァンサン・クルティヨ　フランスの地球物理学者。インドのデカン火山活動が大量絶滅の原因と考え、天体衝突説を否定。

ラマチャンドラン・ガナパシー　アメリカの隕石研究者。K／Pg境界の白金族元素が地球外天体に起源をもつことを、衝突クレーター発見前に証明。

ウェンディ・ウォルバック　アメリカの地球化学者。K／Pg境界から大量の煤を見いだし、大規模な火災が起きた証拠だと主張。

グレン・ペンフィールド　アメリカの地球物理学者。メキシコ・ユカタン半島に巨大な円形構造を発見し、クレーターであると最初に報告した。

アラン・ヒルデブランド　カナダの地質学者。チチュルブ・クレーターを〝再発見〟し、K／Pg境界の天体衝突の痕跡であることを証明。

目次

＊本書に登場する人物の所属や肩書きは、話題にしている当時のものです。
＊引用文中の〔〕は筆者による補足です。

本書に関連する地質年代

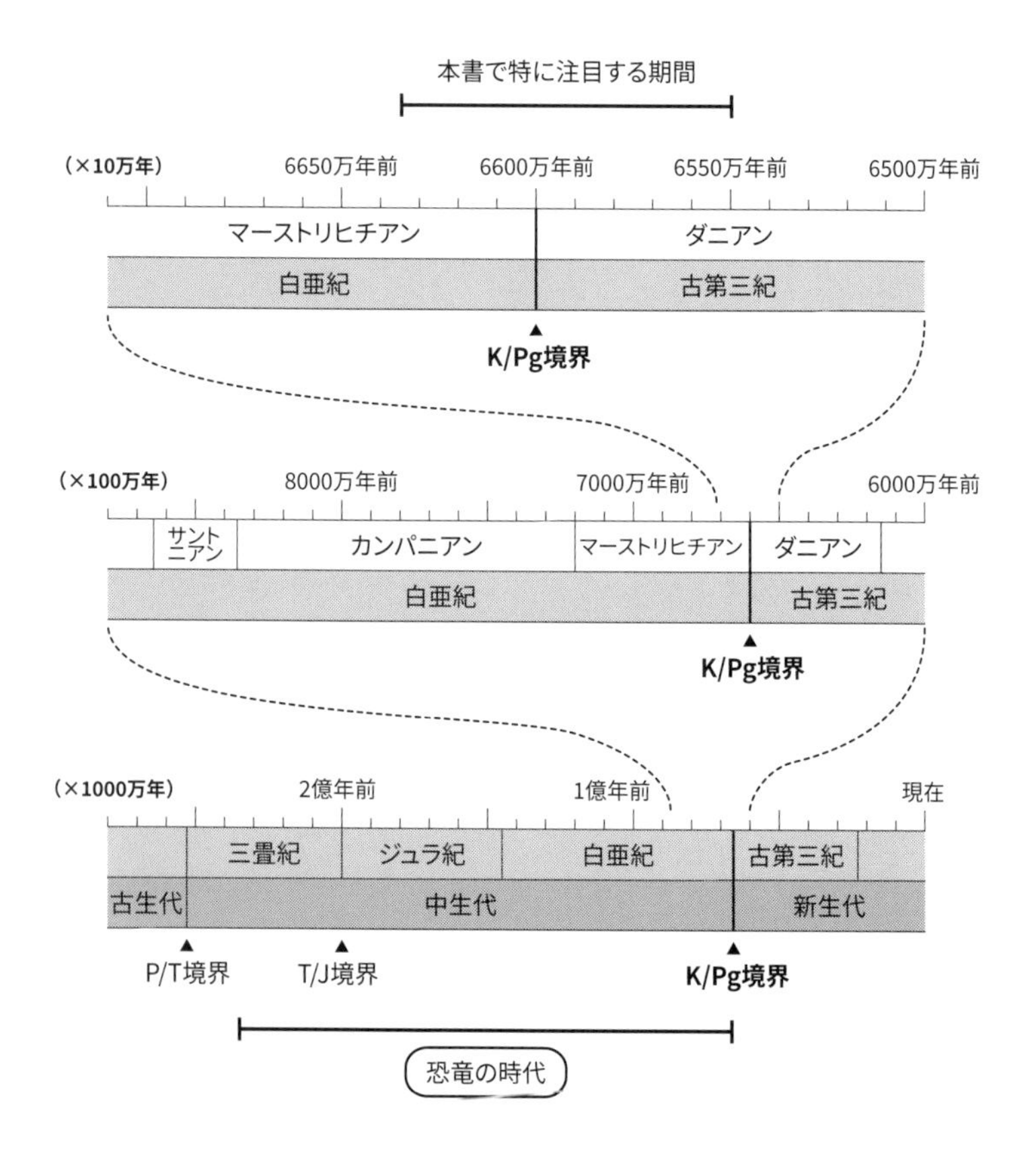

本書に登場するおもな場所

第1章 痕跡

モンタナ州ミズーラ——二〇一〇年八月

ジョージ・スタンレーは、モンタナ大学古生物学センターの教授である。ブロンドの髪にブロンドの髭、テネシー州の出身でカントリー・ミュージックをこよなく愛し、週末はアイリッシュ・バーでギターの弾き語りをする。チェックのネルシャツに薄いブルーのジーンズ。ゴールドラッシュ時代の開拓者がインテリに進化したとするなら、きっとこのような男になる。

彼の住む町ミズーラは、アメリカ・モンタナ州の西端、ロッキー山脈のやや東よりに位置する。ミズーラの中心地は、東西二〇キロ、南北一二〇キロにわたって削りとられた氷河谷の北端にある。人口は七万人ほど。ここには、地元の人が「全米でもっとも美しい大学」と〝自称〟するモンタナ大学がある。大学の裏手には、象の背中のようなセンチネル山の草原がゆるやかに広がり、その中腹にはアメリカにありがちな白のヒル・レター「M」が、町のどこからでも見えるように大きく描かれている。

小さな町だが若者が多く活気があり、ミズーラは人口の約二割を占めるモンタナ大学の学生で成立していることがよくわかる。古い煉瓦造りの建物が残る四〜五ブロック四方の小さなダウンタウンには、金曜日の夜になると学生でにぎわう多くのバーがある。若者向けのおしゃれな雑貨屋があり、この土地に魅せられたアーティストのギャラリーも点在する。驚いたことに、ここではウエスタンブーツとウエスタンハットを身につけた〝カウボーイ〟とふつうに出会うことができる。近くの空港に降り立ってこのようなスタイルの男を見つけたら、十中八九、行き先はミズーラだ。

私がこの町を訪れた二〇一〇年の夏は異常なほどの猛暑で、ミズーラ周辺の山々では頻繁に山火事が発生していた。現場が近いときは、「本日は外出を控えてください」と早朝からけたたましく町内放送が鳴り響く。このような日は、町全体が白く靄（もや）がかかった状態になり、ふだんは視界に入ってくる遠くの山稜がかすんで見えなくなる。焚き火のときの煙の匂いに加えて、オイルのような排ガスのような、なんともいえない有機的な匂いが町をうっすらと覆う。

とりわけ暑かった八月のある日、私はモンタナ大学古生物学センターを訪れた。大学でキャンプ道具を揃え、これから東へ八〇〇キロほど車で走った先にある「ヘルクリーク」を目指す。旅の目的は、恐竜絶滅の痕跡が記録された白亜紀と古第三紀の境界、通称「K／Pg境界」の地質調査だ。今回のメンバーは、スタンレー教授と彼の助手カリー・ムーア、それに学生二人と私を加えた計五人である。

モンタナ州は、ハイウェイ二号線が東西を貫いている。ミズーラからロッキー山脈の山間を東に向かってしばらく車を走らせると、目の前に突如として大平原が広がる。「グレートプレーンズ」である。

ここから北上しハイウェイ二号線に入ると、道中には多くの恐竜発掘現場があり、ローカルな恐竜博物館が点在する。そのため、この道は「ダイナソー・トレイル」（恐竜の道）と呼ばれている。

目指すヘルクリークまでは、大平原上の恐竜の道をひたすら東へ向かう。私がかつてあこがれていた、地平線へまっすぐに吸い込まれる直線道は、二〇〇キロも走れば十分だった。これから現地へ向かうのに、帰りのドライブのことを思い憂鬱になってくる。私たちはオーバーヒートに気を使いながらダイナソー・トレイルを二日かけて走破し、ついに目的地ヘルクリークに到着した。

ヘルクリーク

ヘルクリークとは、いわば「地獄谷」である。ダイナソー・トレイルの終点には、フォートペック湖という巨大な人造湖がある。湖を右手に見ながらしばらく進むと、それまで平坦でなんの特徴もなかった大平原から地形が一変し、起伏の険しい峡谷と、それほど高くはない丘が繰り返す土地へとやってくる。

「バッドランズ」(badlands)と呼ばれる荒れ地に入ったのだ。同じフォートペック湖周辺で雨量も気温もほとんど変わらないはずなのに、ほかの地域は平地で、バッドランズだけは峡谷や急斜面の丘がつくられる。地形学者にも理由はよくわからないらしいが、きっと地面の隆起量の差によるものだろう。

バッドランズでは、放牧された牛とともに巨大な牧草のかたまりがあちこちに転がっていて、こちらではヘイロール(牧草ロールケーキ)と呼ばれている。牧草を刈り取って直径二メートルほどに丸めたもので、中には刈り取られた草が何十万本、何百万本と詰まっている。

スタンレー教授が「ヘルクリークから天体衝突の証拠を見つけるのは、ヘイロールの中に一本だけまぎれ込んだ針を探すようなものだ」と得意げに言った。私は「いや、それはちょっと違うよ」

図1　恐竜の化石が数多く見つかるヘルクリークのバッドランズ

と心の中でつぶやいた。地層から天体衝突の証拠を探す作業は、地球上の数十億人からたった一人の「運命の人」を探しだすことよりも、もっと難しいことなのだ。

恐竜がどのように絶滅したかを考えるうえで、ヘルクリークはおそらく地球上でもっとも重要な場所である。ここには、恐竜が生きた最後の時代である白亜紀の地層が、見わたすかぎり広がっている。この地層のことを、私たち地質学者は「ヘルクリーク層」と呼んでいる。その広がりは、ヘルクリーク地域に限らず、現在のモンタナ州、ノースダコタ州、サウスダコタ州、ワイオミング州にまたがって、東西八〇〇キロ、南北七〇〇キロにわたる。

これほどの広大な土地に広がる地層は、いったいどうやってできたのだろうか。恐竜の絶滅やK／Pg境界の話題に入る前に、まず〝地層〟というものについて考えておこう。

地層のつくりかた

たかい　やまに　つもった　ゆきが　とけて　ながれます。
やまに　ふった　あめも　ながれます。
みんな　あつまってきて、　ちいさい　ながれを　つくります。

加古里子（かこさとし）の児童向け絵本『かわ』の一節である。[1] 半世紀以上も前に出版されたロングセラーで、科学を題材にした名著だ。描かれているのは、急峻な山地の源流で生まれた川が、山々を蛇行して下り、平野を抜け、ついには河口に至るまでの〝一生〟。この本の中で、川はつねに見開きページを左から右へと流れていく。次のページの川の左端は、前ページの川の右端とぴったり一致するよう工夫され、一つの川として続いていく。

このしかけも斬新だが、鳥瞰的な構図、建物や人物の細かい描写、それぞれの土地の人々の暮らし、そして、最初は細く弱々しかった川がしだいに幅広く成長し、最後は大海へ飛びだす高揚感。人の一生になぞらえて川の成長を描いた、この絵本の魅力を挙げるときりがない。地質学者の私の目から見ても、全ページにわたり素晴らしい地質観をそなえた描写力であると感心する。

さて、小学校の教科書には「水のはたらきで地層がつくられる」と書いてあるが、具体的にどういうことだろう。じつはこの絵本にヒントが描かれている。

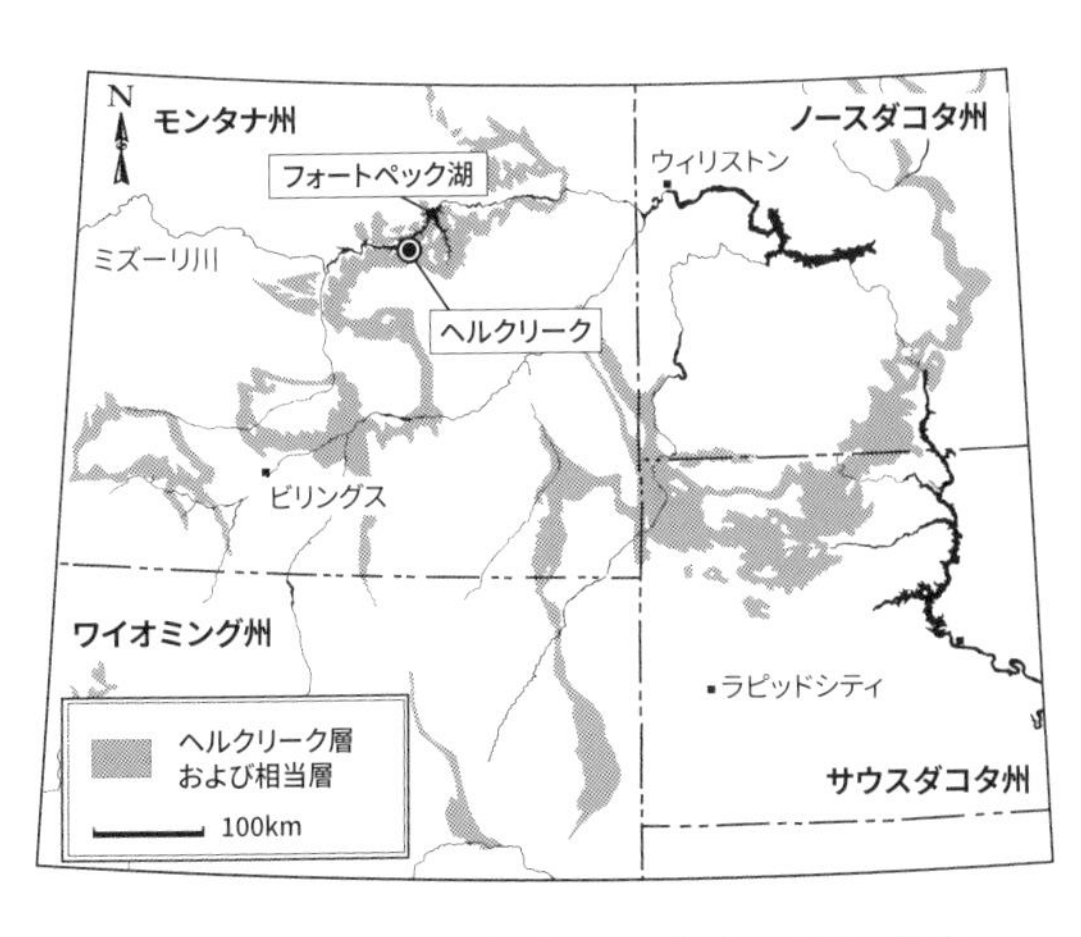

図2　四つの州に広がるヘルクリーク層の分布

ポイントは二つ。一つめは、地層の原材料となる泥や砂を大量につくること。二つめは、つくられた大量の泥や砂を運ぶこと。この二つの役割を果たすのが、「水」であり「かわ」なのである。

例として、ヘルクリーク層のつくりかたを考えてみよう。

まずは一つめ、広大なヘルクリーク層を構成する泥と砂が大量に必要だ。ここで〝大量に〟が重要だが、よく大量のたとえに使われる「東京ドーム何個」ではまったく足りない。ヘルクリーク層をつくるために必要な泥と砂の量は、ざっと見積もって七万立方キロメートル、つまり東京ドームなら五五〇〇〇万個以上になる。数が多すぎてピンとこないので別の例をさがすと、日本列島の全面積を、標高一八〇メートルまで埋め立てられる量の泥や砂が必要なのである。今度はスケールが大きすぎてイメージできないかもしれない。とにかく、わかりやすくたとえるのが難しいほどのとてつもない量である。

突然だが、ここでクイズを一つ。テーブルの上にこぶし大の石ころがあるとする。どのような道具や薬品を使っても構わないので、この石ころから「泥や砂」をつくるには、どうすればいいだろうか。

雨風にさらして、岩が細かくなるのを気長に待つ？　あるいは、塩酸につけてみる？

これらは、「化学的風化作用」を利用した方法だ。岩石は鉱物の集まりで、鉱物は元素が化学的に結合（共有結合やイオン結合）したものなので、その結合を切ってやればよい。だが、この方法で大量の泥や砂をつくるのは、非常に長い時間がかかってしまう。

もっとシンプルに考えてみよう。石ころをハンマーで打ち砕いて粉々にすれば、もっと手っ取り早く泥や砂をつくれるのではないだろうか。

このような物理的な破壊、つまり「物理的風化作用」は、硬い石から泥や砂をつくるために、もっとも効率的である。そしてこの方法に必要なものが、『かわ』に登場する「たかいやま」と「つもったゆき」なのである。

高い山の上は、冬は氷と雪に閉ざされた世界になる。このとき、夏のあいだに岩石や鉱物の隙間に染み込んだ水は、氷へと変化して体積が一・一倍になる。氷になり膨張した水は、岩石や鉱物の小さな隙間を押し広げ、岩石を少しずつ破壊していく。寒暖の差が激しい、高く急峻な山脈では、この効果は非常に大きい。

春の登山が危険といわれるのは、冬のあいだの物理的風化作用により、登山道周辺の岩石がもろく崩れやすい状態になっているためである。また、春先に山岳地帯に出かけると、川の水は青白く濁っている。これも、冬に細かく粉砕された岩石が川を流れることによって起こる現象である。

ヘルクリーク層の西側にはロッキー山脈がそびえ立つ。白亜紀の頃はロッキー山脈は隆起を続けていたため、山の高いところに積もった雪が溶けた水によって、岩石の粉砕がつねに行なわれていた。細かい土砂をつくる一大工場である。これで一つめのポイント、「地層の原材料となる泥や砂を大量につくる」は解決した。

洪水と川の氾濫

それでは、このことをふまえて二つめのポイント、「つくられた大量の泥や砂を運ぶこと」を考えよう。これには川が重要な役割を果たす。

日本では小学五年生で、川の水には土地を削ったり、泥や砂を流したりするはたらきがあることを学ぶ。しかし、実際に川に行ってじっくり観察してみるとわかるが、ふだんは水以外のものはほとんど流れているように見えない。

では、川はどのようなときに大量の泥や砂を流すのだろうか。

答えは〝洪水〟である。

ふだんの川には、泥や砂を運ぶ機能はほとんどない。しかし洪水のときには様子が一変し、大量の土砂を上流から下流へ、強烈に押し流していく。加古里子の『かわ』を読んだことがあれば、この本に描かれた川が大洪水になったと想像してほしい。

山々の頂上から、まるでジェットコースターのように急勾配の沢を流れてきた茶色い水は、やがて山々の間を縫う川を勢いよく流れ下っていく。川幅の狭い上流域では、川の水位は一気に上昇する。川が曲がる部分の外側では、土手の侵食が進んでいく。川岸が険しい崖になっている土地では、洪水により岩どうしがぶつかり合い、つねにゴロゴロという音が川から聞こえてくる。

山を抜けて平野に入ると、これまで狭い流路を無理に通ってきた川は、開けた平野部に向かって土砂を一気に拡散する。このようにしてできた土地は、扇状地と呼ばれる。扇状地を過ぎ、さらに地面の傾斜が緩やかになると、川は蛇行して、これまでと一転、窮屈に右へ左へと流される。流量がいよいよ増加していくと、川を流れる超高密度の泥水と土砂は、蛇行する河川の土手を一気に乗り越え、周辺の平野へとあふれ出す。

このような、洪水のときに川の水があふれ出すエリアを氾濫原（はんらんげん）と呼ぶ。人間の手が加わる以前の河川では、こうした洪水は数十年に一回は起こっていただろうか。長い時間をかけ、洪水のたびに繰り返し泥と砂が氾濫原にあふれ出すと、重い砂が先に降り積もる効果で地層の縞模様が形成される。これが「氾濫原堆積物」である。

氾濫原の恐竜たち

やや説明が長引いてしまったが、私たちが訪れたヘルクリーク層はおもにこの氾濫原堆積物からなる。いまから七〇〇〇万年前の白亜紀、アメリカ大陸西部のロッキー山脈は、さらに西側の太平洋から沈み込む海洋プレートにより上昇を続けていた。山頂部では毎年、冬が終わると大量の土砂が生産される。この土砂は現在のアイダホ州とネバダ州に端を発する蛇行河川によって、洪水のたびにあふれ出し、氾濫原堆積物をつくっていった。

氾濫原には、植物の生育に必要なカリウムやカルシウムを多く含む土砂が流れ込んでくる。もち

図3　氾濫原を蛇行する河川

ろん川から多くの水が供給され、平坦な土地であることから、植物の生産性は比較的高い。その結果、植物を食べて生きる小型の爬虫類や恐竜なども、この土地を好んで生息していただろう。

しかし洪水は、雨季のある日に突然やってくる。

「今晩はやけに地面が湿っぽいな。おや、地面から水が湧きでてきたぞ。雨はずっと降っているが、こんなことはいままでなかったのに……」

恐竜がそう考えて不安になったかどうかはわからないが、彼らが異変に気づいた頃には、すでに洪水の第一段階はスタートしている。長く降り続く雨により地下水位が上昇し、雨水が地面に浸透しきれなくなったのだ。もともと氾濫原は地下水位が高い。やがて地上をうっすらと覆いつくした地表水は、気がつくと一定方向に向かって流れだしている。

恐竜は本能的に、水の流れに沿って下流側に逃げただろうか。表面積の大きい彼らの足では、流れに逆らって歩くのは困難だったに違いない。

地表水はじつに単純に、低い土地に向かって流れていく。流れの先は、ワニやカメが生息する沼地だ。やがて流れに沿って沼地まで逃げてきた恐竜たちは、自分たちの足元までだった水が、もう体のあたりまで来ていることに気づく。

「いったいどういうことだ?」

地表水の流れにしたがって移動した彼らは、氾濫原のなかでも水が溜まりやすい低い土地、「低湿地」へと誘導されていたのだ。

臨界点を超えた上流の地表水は、下流側の河川に流れ込むようになる。すると、いよいよ河川の流量は増し、ついには土手を越えて、本格的な洪水が氾濫原を襲う。長雨により水がたっぷりと浸透した堤防は容易に決壊する。泥流はたちまち氾濫原を覆い尽くし、ついには恐竜たちが逃げのびた低湿地へと襲いかかる。いくら大きな恐竜といえども、突然の水位上昇と泥流、そして足場の悪い沼地からは逃げることができない。

ついに恐竜たちは洪水の餌食となった。土砂もろとも低湿地に埋もれた恐竜はやがて腐敗し、骨をつくるリン酸カルシウムの一部は、周囲の土砂に含まれるケイ素と元素交換をして、その骨格は化石として地層中にとどめられる。

*

ヘルクリークでは、車道から少し歩いた丘のふもとからカメやワニなどの爬虫類の骨が見つかる。それに混じって恐竜の骨も埋もれていることに私は気がついた。部位によっては恐竜の骨は多孔質(スポンジのように小さな穴だらけ)なので、専門家に骨の見かたを教えてもらえば少しは見分けられる。

丘の斜面の下のほうでは、転がり落ちてふもとに集まった化石を一網打尽にできることがある。スタンレー教授と助手のムーアは、手あたりしだいに爬虫類や恐竜の骨を拾い集め、布製の袋に放り込んでいた。いわば、洪水から逃げそこなった恐竜たちの遺骨収集だ。

生きたまま溺れたのか、死んでいたところに洪水がやってきたのかは知るよしもないが、いずれにしても最期は悲惨だったに違いない。私は骨を片手に、当時の恐竜の大きさや生活の様子に思いをはせながら、ティラノサウルスの歯でも見つかりはしないかと胸を躍らせていた。

化石ハンターとティラノサウルス

バーナム・ブラウンは一八七三年二月一二日、カンザス州に生まれた。子供の頃から化石収集に熱中し、部屋は化石でいっぱいになるほどであった。コロンビア大学古生物学科の大学院生のときに、アメリカ自然史博物館の職員となり、本格的な化石ハントに傾倒していく。彼はおそらく、史上もっとも多くの恐竜化石を収集した化石ハンターである。ブラウンが職員になったときには恐竜の化石は一つもなかったが、彼が死去した一九六三年には、この博物館の恐竜コレクションは世界最大になっていた。[2]

数多い彼の発見のなかでも特に重要なものとして、ヘルクリーク層から見つけた「ティラノサウルス・レックス」の個体標本が挙げられる。一九〇二年の夏のことである。一九〇八年にもふたたびティラノサウルスの化石を発見した彼は、白亜紀の最後の時代に、恐るべき肉食恐竜が地球上に存在していたことをあきらかにした。

図4　ティラノサウルス・レックス
（シカゴ自然史博物館のレプリカ標本）

今回のヘルクリーク調査の数日前、私は国際隕石学会で講演するためにニューヨークを訪問していた。その際、アメリカ自然史博物館を訪れ、あこがれのティラノサウルス・レックス標本と対面することができた。ここでは、ブラウンによって発見されたティラノサウルスの頭部化石を間近で観察できる。

　ティラノサウルスの頭蓋骨は、一・二メートルと巨大である。まずは頭部を中心に周囲をぐるりと一周してみよう。真横から眺めると目に飛び込んでくるのは、長さ一五センチはあろうかという鋭い歯だ。しばしば「短剣のような」と形容されるティラノサウルスの歯は、実際に観察してみると水平断面は楕円形に見え、ナイフのような鋭いエッジはない。このことからティラノサウルスは、獲物を歯で引き裂くように攻撃していたのではないことがわかる。むしろ、歯は喉の奥に向かってやや傾斜し、おそらく一度嚙みつかれるとなかなか離れない構造だ。信じられないほどの力で、嚙みついた肉を引き剝がしていただろう。上顎の骨は歯の周辺で分厚く、長く太い歯根がこれらの鋭い歯を支えている。

　正面から見てみよう。ティラノサウルスをティラノサウルスたらしめている理由、それは、人間の〝こめかみ〟にあたる部分の幅が、ほかの恐竜に比べて異常に広いという特徴である。そのためティラノサウルスの目は、ライオンやトラなどの肉食動物と同様に、前方を三次元的に見ることが可能だったと考えられている。これはハンターであったことの証拠の一つとなるだろう。しかし実際に頭部化石を観察して目よりも気になるのは、顔の先端に大きく開いた鼻腔の跡だ。嗅覚が非常に発達して、わずかな血の匂いも逃さなかったのだろうか。

さて、このティラノサウルス。ヘルクリークでは白亜紀の最後の三〇〇万年ほどしか生存した記録がない。映画『ジュラシック・パーク』に登場する凶暴きわまりないティラノサウルスは、恐竜時代一億七〇〇〇万年の〝最後の最後〟で生態系の頂点に君臨していたのだ。

ヘルクリークでは、ティラノサウルス以外の大型恐竜として、トリケラトプスやエドモントサウルスも多く見つかる。これら大型恐竜の〝ビッグ・スリー〟は、個体数は少なくとも、白亜紀最後の「マーストリヒチアン」と呼ばれる時代までヘルクリークに生息していたらしい。しかし白亜紀の末に突然、地球上から姿を消すのである。

古生物学者は、過去の生態系を可能なかぎり復元しようとする。このビッグ・スリーのほかに、この地にはいったいどのような生きものが生息していたのだろうか。私たちのチームの近くで発掘調査をしていたジャック・ホーナーもまた、この恐竜時代の終焉を、ティラノサウルスから小型の爬虫類にいたるまで、あらゆる視座で描きだそうとしていた。

過去の生態系を復元する

恐竜化石の発掘を堪能した私たち五人の小さな調査隊は、ヘルクリークへの玄関口であるジョーダンという町を北上し、今日の宿泊地へ向かっていた。ダートの深い轍（わだち）に気をつけながら、フォートペック湖のほとりにあるキャンプ場を目指す。これから四日間、ここでキャンプ生活を送りながら調査を行なう。

私たちが小さな個人用テントを構えたキャンプ・グラウンドから一〇〇メートルほど離れた場所に、深緑色の屋形型をしたパイプテントが三張たてられていた。モンタナ〝州立〟大学で古生物学を研究する、ジャック・ホーナー教授のグループだ。つまり、私たちモンタナ大学グループのライバルである。モンタナ大学とモンタナ州立大学の古生物学研究グループは協調関係にあるが、実際のところ予算も人員もモンタナ州立大学のほうがはるかに規模が大きいので、研究の競争としては相手にされていないというのが現実である。

彼らの様子をうかがうと、ヘルクリークのどこかから大量に運び込んだ土砂を、一メートル四方のふるいに放り込んでいた。遠くて見えづらいが、ふるいの目はかなり小さいようだ。土砂を入れたふるいは若い大学院生と思われる人たちに担がれ、フォートペック湖へ彼らもろとも入っていく。ふるいの中の土砂は水中で大きい粒子と小さい粒子に分けられ、やがて小さな化石とわずかな岩片のみがふるいに残される。

ホーナー教授がねらっているのは、ふるいで集められる非常に小さな化石のようだ。化石ハンターからは通常無視されるこれらの小さな化石も、当時の生態系を描きだすためには重要な材料となる。あとでわかったことだが、この二〇一〇年は彼らにとって足かけ一一年におよぶ研究プロジェクトの最後の年だったらしい。目的は、白亜紀末に生息した恐竜の種類を調べることと、多様性の時代変化をこれまでにない詳しさで再検討することである。

恐竜がどのようにして地上から姿を消したかを考えるには、恐竜の生態を知ることが非常に重要である。ホーナーは今回のプロジェクトで、ティラノサウルスの個体数が従来考えられていたよりもはるかに多かったことをあきらかにした。ティラノサウルスは生態系の頂点に君臨する捕食者であることから、従来の研究では個体数は少ないものと考えられてきた。しかしホーナーは、ティラノサウルスの個体数が、当時生息していた恐竜のなかで比較的多い割合を占めていたことから、小さな恐竜をターゲットに狩りをしていたか、もしくは腐敗した死肉を食べる「スカベンジャー」だった可能性があると考えている。[3]

これは恐竜の絶滅原因を考えるうえで非常に重要である。なぜなら、生態系ピラミッドの頂点に君臨する恐竜であれば、生態系の下段がわずかにほころぶだけでも、あっという間に個体数は減少する。しかし、スカベンジャーであれば話は別だ。死んで腐食したものを食べるなら、ある程度の飢餓に対して耐性があることになる。

数で勝負する統計古生物学は別として、個々の種類の恐竜を含む〝生態系の復元〟が重要であることを、古生物学者はよく知っている。この地に集まった研究者の卵やボランティアたちは、来る日も来る日もツルハシを振るい、泥を集め、またツルハシを手に取る日々を過ごす。ひと夏で得られる化石の試料はごくわずかだし、研究が一歩も進展しないシーズンもあるだろう。それでも、恐竜がどのように生息していたか、そのリアルな姿を想像したいという一心で、彼らはハードな作業に没頭する。そしてこの情報こそが、恐竜が滅んだ原因を知るために不可欠なのだ。

しかし、時間を飛び越えて太古の生物の生活を再現できる古生物学者にも、絶対にのぞき見ることのできない〝三メートルのギャップ〟がヘルクリーク層には存在することを、ここにいる誰もが知っていた。

恐竜が消えた「空白の期間」

K／Pg境界をはさんだ両方で脊椎動物の化石が見つかる地層は、ヘルクリーク層とその上に重なるタロック層をおいてほかにない。そのため、調査に最適な夏になると、世界各地から地質学者や古生物学者が続々とやってくる。

真っ先に彼らが目指すのは、K／Pg境界を特徴づける、薄黒い石炭からなる地層である。石炭層を境にして、白亜紀のヘルクリーク層の上に、古第三紀のタロック層が重なっている。地質学者はこの境界の石炭層を「下部Z石炭層」と呼んでいる。下部のほかに中部Z石炭層や上部Z石炭層も存在し、かつては白亜紀と古第三紀の境界はZ石炭層のどこかにあるだろうと考えられていた。しかし中部Z、上部Z石炭層付近からは恐竜の化石は見つからず、下部Z石炭層がK／Pg境界に相当するとみなされてきた。

調査の三日目、私たちはキャンプ地としたヘルクリーク州立公園の近くにある下部Z石炭層を調べることにした。一三メートルの切り立った崖の真ん中あたりに、厚さ一メートルの下部Z石炭層がはさまれている。この崖を正面に見るように立つと、足元には灰色の砂岩（さがん）層が広がっている。この砂岩をよく観察すると、爬虫類の骨化石がよく見つかる。助手のムーアが、不意に「これあげる」と親指ほどの大きさの化石をくれた。多孔質で特徴のあるこの形、小さいが恐竜の骨である。

図5　ヘルクリークのK/Pg境界層

日本であれば気軽に「あげる」と言えるものではないのだが、とにかくこの足元の地層にはさまざまな爬虫類と、多くはないが恐竜の化石が含まれているようだ。

足元から正面の崖に目を移し、灰色の砂岩層を観察する。崖の下から五メートルくらい上までは、同じ岩質の砂岩の層が何枚も重なっているようだ。幾重にも重なる砂岩の層の一枚一枚が、過去について教えてくれる。地質学者は、歴史書のページを読み解くように、地層を下から上に向かって丹念に観察していく。砂岩層の上には、厚さが三〇センチくらいの暗灰色(あんかいしょく)をした泥岩(でいがん)層が見てとれた。この泥岩層の上に、例の下部Z石炭層が重なっている。

右側に目をやると、丘の斜面にZ石炭層を直接観察できそうな場所がある。私たちが斜面を登ると、そこには先客が調査した跡があった。

地質学者は通常、地表に露出した岩石を採取することはない。風雨などによる化学的な風化の影響を避けるため、できるだけ深く掘った場所で岩石試料をとるようにしている。私たちが観察しようと登った斜面には、ハンマーとチゼル（たがね）を使ってZ石炭層を試し掘りした跡がある。まだ新しい。この夏のフィールドシーズンに掘られたものだ。

私たちも負けじと、手持ちの道具でZ石炭層を掘り返していく。夏の炎天下、ゆうに四〇度を超える気温。うらめしいことに、今日はよく晴れている。だがヘルクリークでは、不思議と汗は流れ落ちない。発汗すると同時に蒸発してしまうのだろう。この石炭層は低品質でもろく、掘り進めるうちに私たちの襟元から顔は真っ黒になっていた。

一時間くらい掘り続けると、下部Z石炭層の一番下の部分が見えてきた。一メートルもある石炭層は、ところどころ数センチほどの薄い砂岩の層をはさむのだが、底の部分だけ様相が異なり、なぜかピンク色をした、厚さ五センチほどの泥岩層がある。これがなにか、私はすぐに理解できた。天体衝突によってできた「イジェクタ層」だ。私はこの地層試料を得るために、はるばる日本からやってきたのだ。

天体衝突がK／Pg境界で起こったかどうかは、もはや無意味な議論だ。衝突が起こったこと自体はまちがいなく、決着している。残された問題は、衝突を記録したこのピンク色のイジェクタ層のところで、本当に恐竜が絶滅したかということだ。

ムーアが私に恐竜の骨をくれた場所、つまりこの場所より五メートルほど下に見られた砂岩の地層には、たしかに恐竜の化石が含まれていた。では、このピンク色の地層までの五メートルの間には、恐竜の化石は含まれているだろうか。

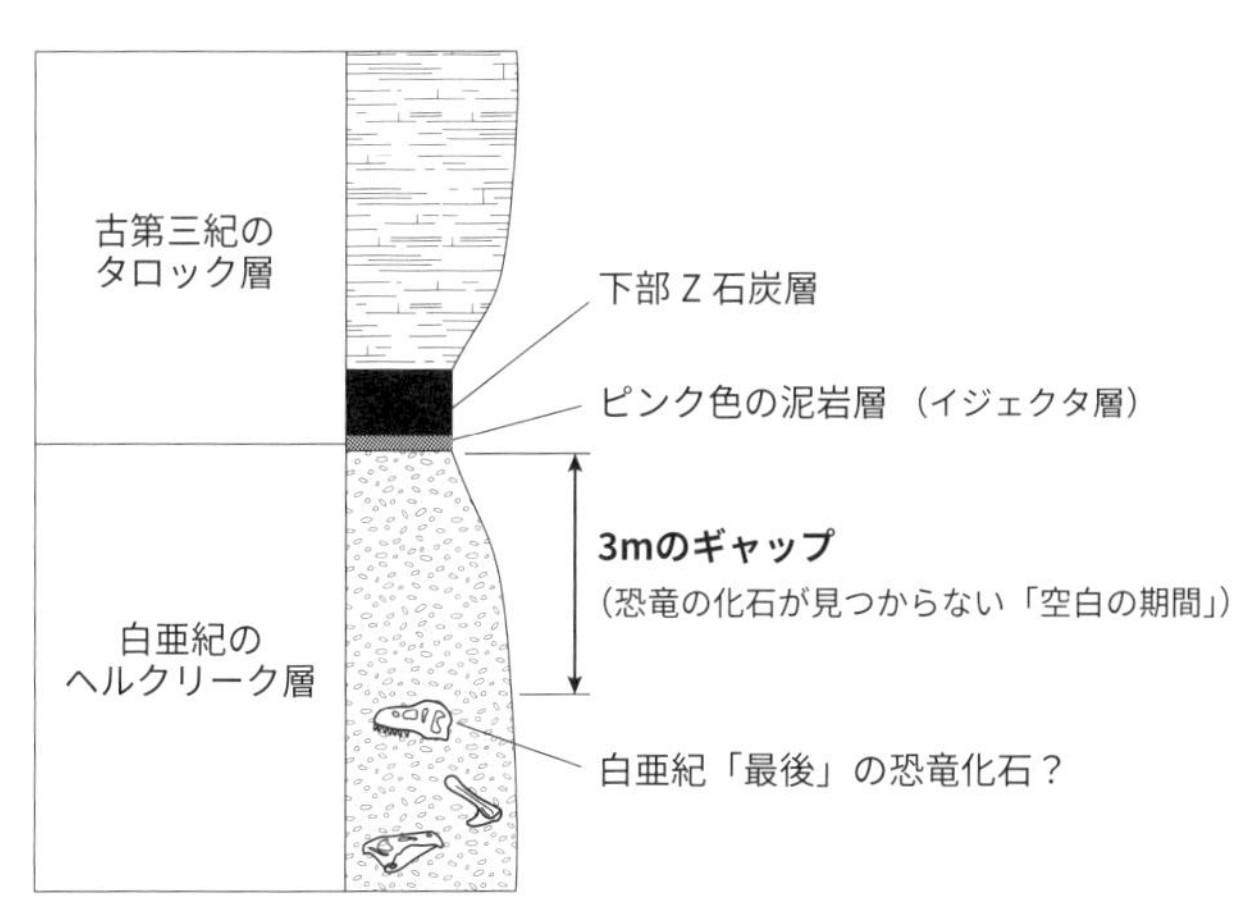

図6　ヘルクリークの地層の模式図

もし恐竜の化石がピンクの層のすぐ下まで含まれていて、ここより上では見つからなければ、恐竜は天体衝突でこの世から姿を消したか、少なくともヘルクリークの氾濫原からいなくなったと解釈できる。

さて、実際はどうだろうか。

私たちは、この五メートルの砂岩層をくまなく観察した。しかし、恐竜の骨はもとより、そもそも化石自体がほとんど含まれていない。白亜紀最後の五メートル、この地の歴史書のページには、恐竜にかんすることはなに一つ書かれていなかったのだ。

私たちの調査地では五メートルの空白があったが、同様の問題はヘルクリーク以外の場所でも指摘されていた。多くの古生物学者が詳しく調べた結果、恐竜の化石が見つからない〝空白の期間〟は、天体衝突の地層より下の三メートルに限定された。恐竜が消えた「三メートルのギャップ」だ。そうだとすれば、恐竜は天体衝突より前に、この地から姿を消していたのではないのだろうか？

＊

私はその日の夜、ヘルクリークに情熱を捧げてこの問題に取り組んだ古生物学者たちに思いをはせた。ウィリアム・クレメンス、レオ・ヒッキー、デイヴィッド・アーチバルド。

大型化石の研究は想像を絶するほど全身を酷使し、それこそ命を削って行なわれる。ヘルクリークは比較的高緯度に位置するため、冬の間は雪と氷に閉ざされる。そのためフィールド調査ができるのは地獄のように暑い夏のあいだしかなく、古生物学者は毎年、夏になるとここを訪れてツルハシを岩石に振りおろす。しかし、一シーズンで一人の人間が発掘できる化石はわずかだ。それでも、時間をかければデータは蓄積していく。

古生物学者の身を削る努力により、一九八〇年代前半になってようやくヘルクリークの全体像が見えてきた。やはり、K／Pg境界で〝突発的に〟ではなく〝境界より少し前から〟恐竜は姿を消していったようである。この時代境界に向かって少しずつ絶滅していく恐竜たちの様子を、古生物学者たちはフォートペック湖のほとりで夜ごと夢想したに違いない。

しかしその後、彼らの努力の結晶である化石データは、きわめてシンプルな統計解析で咀嚼され、大きく異なる意味に〝再解釈〟されることになる。

誰かが言った。

「境界の下の三メートルに化石記録が見られないのは、シニョール＝リップス効果のせいです」

別の誰かが言った。

「そもそも化石記録の数が不完全なのです。大量のデータを解析できる干潟の生物や海のプランクトンを例にとれば、この効果についてご理解いただけますよ」

一九八〇年、時代は急激に変化した。私は昨晩のキャンプのおりにスタンレー教授から聞いた、あるアンモナイト研究者のことを思い出していた。彼もまた、この問題に直面していたのだ。

時はここから三〇年前にさかのぼる――。

第2章
空白

スマイア海岸のアンモナイト

ピーター・ウォードは迷っていた。はたして、見つからないことは存在しないことの証拠となりえるのだろうか。

アメリカ西海岸、シアトルのワシントン大学で古生物学講座の教授を務める彼は、太い眉がトレードマークで、数多くの優れた一般向け科学読み物を書いていることで日本でもよく知られる。彼は〝変わり者〟としても有名である。ヘルクリークでの調査のときにジョージ・スタンレー教授から聞いたエピソードは、次のようなものだ。

ある日、スタンレーはワシントン大学の博物館に用事があり、ついでにウォードのオフィスを訪ねた。すると突然、学生たちが待つ教室に連れて行かれ、化石の講義をしてくれと頼まれたそうだ。スタンレーは面食らったが、しぶしぶ引き受けた。なんとか講義を終えてウォードのオフィスに戻ると、彼は部屋から姿を消していた。あとでわかったことだが、彼は犬の散歩に出かけたかったがために、講義を丸投げしたらしい。

私も、まったく面識のないウォードからの突然のメールに面食らったことがある。「やあ、君の論文はおもしろいね。今度カナダのクイーンシャーロット諸島を調査したいんだ。いっしょに研究費を取ろうよ」。

　さてそんな彼も、ほかの地質学者や古生物学者がそうであるように、とっておきの、自分だけの〝秘密の場所〟をもっている。そこは通常、情熱的で無鉄砲な若い研究者だった二〇代から三〇代のあいだに見つけた場所であり、人生でもっとも濃密な時間を、たった一人で過ごす場所でもある。

　一九八〇年代前半までカリフォルニア大学デービス校に在籍していたウォードは、あることをたしかめるため、一九八二年にフランスとの国境に近いスペインの町スマイアで地質調査を行なっていた[1]。夏は海水浴客でにぎわうこの港町の近くには、白亜紀から古第三紀にかけて、深度三〇〇メートルより深い海底で堆積した地層がよく観察できる。もともと水平だった地層の縞模様は、ピレネー山脈を形成した力により斜めに傾き、現在はそのままの姿勢で海岸に露出している。ビスケー湾に沿って東西に延びた海岸を、西から東へ向かって歩いて行くと、この切り立った地層がもつ歴史のページを古いものから次々と読み解くことができる。

　ウォードは白亜紀のアンモナイト化石の専門家である。アンモナイトは、海で堆積した地層であればどこにでも含まれるわけではない。堆積した場所が浅すぎてもいけないし、深すぎてもいけない。適度に陸地から離れた、かつて海底の斜面付近だった地層でよく見つかる傾向にある。スマイアの地層は、アンモナイト研究に最適だった。

　一九七〇年代、ウォードは北米を中心に白亜紀後期のアンモナイトを研究していた。しかし、白亜紀の最末期までアンモナイトが見つかる地層は北米では知られていなかったため、大西洋を超え、ここスマイアの海岸までやってきたのだ。アンモナイトのほかに、二枚貝やウニなどの化石がたくさん見つかることも、彼がスマイアを気に入っていた理由の一つだった。

ウォードは毎年のようにスマイアを訪れた。おかげでこの地から採取されたアンモナイトのコレクションは数百点におよんだ。毎回新しい発見があり、生息していたアンモナイトの種類や、それらが生存していた期間（生存レンジ）を詳しく知ることができた。

ところがデータが集まるにつれて、彼の頭を悩ませる問題が浮上した。陸上で地層が堆積したヘルクリーク層と同様に、海底で堆積したスマイアの地層でも、K／Pg境界近くではアンモナイト化石が産出しないのだ。徹底的に調べ尽くしたが、もっとも時代の新しいアンモナイト化石でさえ、K／Pg境界の一〇メートル下までしか見つからなかったのである。

つまりスマイアでも、白亜紀の章の最後は〝白紙のページ〟だったのだ。

彼はこの結果に少し戸惑いながらも、着地点を求めた。「アンモナイトは、白亜紀／古第三紀境界の隕石が衝突する少し前に絶滅した」――一九八三年の『サイエンティフィック・アメリカン』誌にはこのような結論が書かれていた[2]。

通常、アンモナイトの「属」という分類レベルにおける平均的な生存レンジは、およそ七〇〇万年である。ところが白亜紀の後期には、生存レンジが一〇〇〇万年を超えるような長命の属が多くなる傾向にあった。逆にいうと、生存レンジが短いアンモナイトほど、白亜紀の末に向かって多くが絶滅していることを示している。このような属の変化の傾向は、海洋生態系における大きな変化が〝白亜紀末に向かって徐々に〟起こったことを暗示していると彼らは考えた。

しかし一方でウォードは、これはいわば否定的な証拠であり、K／Pg境界の直下からたった一つでもアンモナイト化石が発見されればこの証拠はひっくり返されるだろう、と警告もしている。

肉眼で観察できる大型化石の研究者にとって、「すべての地層を調べ尽くしました。この時代からは化石が出ません」と断言することは非常に難しい。スマイアの数百点にもおよぶアンモナイト・コレクションを使っても、そうだった。ところが、ウォードが観察した地層には、この問題を解決できる〃肉眼では見えない化石〃が含まれていた。

見えない化石

マイクロパレオントロジー、微古生物学と呼ばれる分野がある。学問上は「古生物学」としてひとくくりにされることもあるが、大型化石とは研究手法がまったく異なる。

微古生物学は、過去の海や湖の表層付近に生息していた植物プランクトンや、それを捕食する動物プランクトンをおもな研究対象とする。これらのプランクトンは魚に捕食されてフンとなるなどして凝縮し、重力によりゆっくりと海中を沈降する。もしあなたが深海底に立つことができたら、頭上から「マリンスノー」がふわふわと降ってくるだろう。プランクトン凝縮粒子であるマリンスノーは、少しずつ海底に降り積もり、やがて地層となる。

深海で堆積した地層を調べると、おびただしい数の美しいプランクトン化石に出会える。雪の結晶に勝るとも劣らない芸術的なプランクトンの世界は、見ていて飽きることがない。

誤解を恐れずにいうと、微古生物学は〃物量〃にものをいわせる研究である。この点が、恐竜やアンモナイトなど大型化石の研究とはまったく異なる。特に恐竜の化石は、地質学的な背景や堆積環境を調べ尽くし、ここなら出ると確信して発掘した場所であっても、まったく出ないことも多い。成果ゼロの年はざらである。運よく見つかったとしても、たとえばこぶし大の岩石からは、せいぜい化石一つが関の山だ。

一方、プランクトンの化石を含む深海底堆積物は、こぶしほどの大きさがあれば数千から数万の「微化石」が見つかる。ただし肉眼では見えないほど小さいので、顕微鏡で調べることになる。大型化石と違い、微化石の研究はやればやるほどデータが増え、確実に結論へ近づくことができる。「努力は報われる」ことを主眼とした大学教育が仮にあったとしたら、微化石の研究は最高の教材だ（もちろん、とてつもない努力が必要なのだが）。

突然の消失

話をK／Pg境界に戻そう。深海で堆積し、微化石をたっぷりと含んだ白亜紀末の地層は、世界中に数多く存在する。たとえば現在の北西太平洋の海底だ。予算が十分にあり、深海底を掘削する調査船を利用できれば、海洋底からもK／Pg境界を含む地層を得ることができる。

かつて深海で堆積した地層が隆起して、現在は陸の地表に露出したK／Pg境界もある。

オランダ・アムステルダム大学の地質学者ヤン・スミットは、一九七四年、博士論文を書くためにスペインのカラバカにあるK／Pg境界を調べていた。カラバカのK／Pg境界は「マール」と呼ばれる地層から構成されている。大ざっぱにいうと、半分は陸から流れてきた泥や砂が、半分は生物骨格をつくる炭酸カルシウムが含まれた岩石がマールである。カラバカの地層に含まれる炭酸カルシウムの起源は、光学顕微鏡で見える「浮遊性有孔虫（ふゆうせいゆうこうちゅう）」と、さらに小さくて電子顕微鏡でなければ確認できない「円石藻(えんせきそう)」の微化石だ。

スミットはこれらの微化石を調べ、マールにはさまれた厚さ一〇センチほどの粘土の層のあたりで、白亜紀の化石が絶滅していることをつきとめた。さらに詳しく調べると、白亜紀の微化石はこの粘土層より下、最後の数センチまで種類が変化することなく見つかるが、上の地層からはまったく出ない。〝突然の消失〟だ。

最初に彼は、白亜紀の浮遊性有孔虫や円石藻の絶滅は〝見かけのもの〟であると考えた。本来あるはずの地層が侵食によって欠如し、本当は少しずつ消えていった浮遊性有孔虫や円石藻を、あたかも突然絶滅したかのように見せかけていると解釈したのだ。つまり、カラバカでは白亜紀最後のページが抜き取られているというのである。

シンクロニシティ

ところがこのページの欠如は、カラバカの歴史書に特有の現象ではなさそうであった。彼が研究に邁進していた一九七〇年代の同時期に、スペインのスマイア、イタリアのグッビオ、チュニジアのエル・ケフなどでもK／Pg境界の微化石が調べられた。その結果、どの地域でも一つの薄い地層をはさんで白亜紀の浮遊性有孔虫が消失しているように見えた。

これは、偶然の一致には思えない。

一九七七年の春に、スミットは考えを変えた。見かけ上のものではなく、突然の消失をもたらすような海洋の化学的な変化が、このK／Pg境界層に記録されているのではないか。それを探るべく、彼は一〇〇個の試料をオランダのデルフトにある大学間共同実験所へ送り、さまざまな元素の濃集度を調べることにした。[3]
地球上のさまざまな場所で独立して進んでいた研究が、見えない糸でつながれようとしていた。

一九七〇年代は、K/Pg境界の研究が、大型化石と微化石の両方について精力的に行なわれていた時代である。大型化石の研究からあきらかになったこと。それは、陸では恐竜が、海ではアンモナイトが〝K/Pg境界より少し前に姿を消した〟ということである。一方で微化石の研究からは、浮遊性有孔虫や円石藻の化石に〝K/Pg境界での突然の消失〟が見られることがわかった。いったい、この違いはなにを意味するのか。

まず頭を悩ませることになるのは、微化石のデータである。先に述べたように、微化石研究では大量のデータが得られる。個体数が莫大だったからだ。現在の海洋にも、あらゆる海域、あらゆる深度に、植物プランクトンとそれを捕食する動物プランクトンが生息しており、途方もない数の個体が生命活動を繰り広げている。それらすべてがK/Pg境界で突然いなくなることなど、本当にありえるのだろうか。やはり地層の一部が、たとえば一〇〇メートル規模の海水面の変動などによって、欠如しているのではないか。

そして古生物学者は、繁殖についても考えをめぐらす。いったいどれほどの個体数まで繁殖のペアを減らせば、次の世代に種を残せなくなる、すなわち〝絶滅する〟のだろう。

たとえば、世界中でペットとして愛されているゴールデンハムスターから、絶滅にかんする教訓を得ることができる。[4] ゴールデンハムスターは齧歯類(げっしるい)のネズミ科、ゴールデンハムスター属に分類される。その祖先は恐竜の絶滅後、いまから約六〇〇〇万年前に北アメリカ大陸で出現したと考えられている。

かつては幻の動物と呼ばれるほど個体数が激減していたゴールデンハムスターは、別名「シリアンハムスター」ともいう。一九三〇年にシリアの地下二メートルの土の中から、一匹の雌と一一匹の子供が捕獲された。しかし母親が一匹の子供を食い殺しはじめたため、残った子供だけが実験室に持ち帰られた。

驚いたことに、現在世界中で飼われているゴールデンハムスターの〝すべて〟が、このとき捕獲されたハムスターの子供に起源をもつ。人間が関与した例ではあるが、地球上から消滅する寸前まで激減してしまった個体数から、ふたたび多くの子孫を残すことも可能なのである。

当然、生物種により最小繁殖個体数は異なるだろうが、一九七〇年代当時に注意が払われはじめた絶滅の研究では（現在の動物学的知見からも）、ある種のすべてを地質学的な〝一瞬〟で地球上から消し去ることなど、とうてい不可能に思われていた。

マクリーンの温暖化説

過去の〝ありえない〟出来事に挑戦するとき、地質学者や古生物学者は「斉一説（せいいつ）」的立場から物事を考える。斉一説は「現在は過去をとらえる鍵」という教義に支配されている。ようするに、現在の地球上で起こっている事象を、過去に起こった事象にも同じようにあてはめて考えようというわけである。

一九七〇年代にK／Pg境界の絶滅について考えはじめた地質学者として、ヴァージニア工科大学のデューイ・マクリーンを避けて通るわけにはいかない。彼は一九七八年、サイエンス誌に「中生代末の温室効果——過去からの教訓」というタイトルの論文を寄稿した。[5]

論文の概要は、次のように始まる。

中生代後期の化石記録によれば、二酸化炭素による温室効果が短期間（数十万から数百万年）で地球温暖化を引き起こしたようだ。（中略）海洋の微化石を使った酸素同位体のデータは、白亜紀後期まで徐々に進行していた寒冷化が、温暖化へと急変して新生代に向かったことを示唆している。

そして彼は、現代のK／Pg境界研究にも通用する優れた先見眼を示している。

陸上の植生の破壊により〔大気中の二酸化炭素が増加するため〕海洋に二酸化炭素が注入され、炭酸塩の溶解を引き起こす。

さらに、大きな恐竜は体積に対して表面積が小さいため、気温上昇によって温度耐性の限界を超えたことで絶滅した可能性を、恐竜に近い主竜類であるワニの実験結果を引用して示した。

つまりマクリーンの考えでは、二酸化炭素濃度の上昇による温暖化が、恐竜や石灰の殻をもつ生物の絶滅の原因になった。では、どうして白亜紀の最後に二酸化炭素濃度が上がったのか。

彼によれば、二酸化炭素濃度の上昇に先立ち、円石藻が海から減少しつつあった。円石藻は、大気から溶け込んだ海洋表層の二酸化炭素を炭酸カルシウムの殻の形成に用いる。死後は海底へ沈降して堆積物の一部となるので、円石藻は一時的に大気二酸化炭素を深海へ閉じ込める。

このようなはたらきを〝二酸化炭素の固定〟と呼ぶ。逆に、このような生物が絶滅あるいは減少すると、二酸化炭素は固定されずに濃度が上昇するとマクリーンは考えた。

大気の二酸化炭素濃度が上昇して温暖化が進行すると、海洋全体の温度も上がり、海の深層に溶ける二酸化炭素の量は減少する（冷やした炭酸飲料には炭酸はよく溶けるが、温めるとほとんど溶けない）。つまり、温暖化で海洋が温まると、深海に溶け込んでいた二酸化炭素も大気中に放出され、さらに濃度が上がる。こうなると二酸化炭素の増加による温暖化は止まらない。ついには白亜紀の生物は絶滅へと導かれた、というわけである。

マクリーンが展開する二酸化炭素増加のしくみは、コロンビア大学のウォレス・ブロッカーらが当時提唱した「炭素循環モデル」の影響を色濃く受けている。この論文で彼は、一九七〇年代の海洋学や生物学の知識を巧みに取り入れ、K／Pg境界の絶滅を鮮やかに描きだした。

現在は過去を知る鍵、過去は未来を知る鍵

勢いづいたマクリーンは、先の論文中で驚くべきことも述べている。

人類による化石燃料の燃焼や森林伐採の影響で、二酸化炭素は顕著に増加している。（中略）人為的な炭素循環の改変は、中生代を終わらせた大量絶滅のような状況を引き起こす可能性がある。

その根拠の一つとして、アメリカ科学アカデミーの「エネルギーと気候にかんするパネル」が、

次の世紀にも六度の気温上昇の可能性があると予想していることをあげている。

正しく地質学を教育された人ならば、「現在は過去を知る鍵」という斉一説のキーフレーズは、まさしく骨の髄まで染み込んでいる。ところがマクリーンがいうには、K／Pg絶滅は人類の未来に教訓を与えてくれるという。つまり「過去は未来を知る鍵」。太古の記録を読み解くことで、私たちは未来について〝天啓〟を得ることができるというのだ。

この「過去は未来を知る鍵」というフレーズは、研究資金が取りやすいという理由から、やがて世界中の地質学者のお気に入りとなる。マクリーンの論文はその先駆けといえよう。一九七八年一一月のニューヨーク・タイムズ紙でも、マクリーンは次のように警告している。[6]

温室効果のメカニズムは、すでに駆動しているかもしれない。化石燃料の燃焼によって大気に増え続ける二酸化炭素は、恐竜などを絶滅へと追いやった中生代末の〝環境変動の連鎖〟を開始するには十分な量でしょう。

マクリーンの名声は最高潮に達した。

さて、これで順風満帆に、恐竜は「地球表層の環境変化」によって絶滅することができた。恐竜の運命は、地球に内在された炭素循環システムの異常で引き起こされたのだ。海に棲んでいた生物の絶滅も、すべて二酸化炭素が原因だった。さまざまな問題は二酸化炭素という見えない糸でつながれていたことを、マクリーンが明らかにした、というわけだ。

＊

彼の論文が世間に公表された頃、カリフォルニア大学バークレー校から不気味な炎が立ち上っていた。ある研究者の一団が、マクリーンの論文を冷ややかな目で見ている。地質学者がこれまで見たこともないような理論、概念、装置、方法論。この研究グループは、ある一人の天才科学者に率いられていた。

名声を得ていたデューイ・マクリーンは一九八一年を境に、この科学者によって徹底的に叩きのめされ、罵られ、侮蔑されることになる。ついには地質学の研究コミュニティーからも見放された彼は、精神障害になるまで追い詰められた。

彼はこの男の名前を、どんな気持ちで思い出すだろう。

ルイス・ウォルター・アルヴァレス。

マクリーンがK／Pg境界の歴史書から読み解いたのは、天啓などではなく、天からの警告だった。

第3章 怪物

マクリーンの回顧録

「憎しみの絶滅論争」と題された、デューイ・マクリーンによる一九八四年の記録がある。[1]

一九八四年一月の朝、私は恐ろしいほどの激痛で目を覚ましました。体のほとんどすべての関節がひどい炎症を起こして、痛くてほとんど動かすこともできないくらいでした。その症状は一九八四年を通して続き、私はなにもできない病人となりました。ついに白亜紀／古第三紀という言葉にさえ条件反射的に反応するようになった私は、この精神的ストレスが病気をさらに悪化させることを恐れ、研究が困難になりました。その後、身体的苦痛と鬱状態から回復することはなく、私の科学者としてのキャリアはここで終わってしまったのです。

つまり、一九八〇年代の初めから半ばにかけて、アルヴァレスと彼の支持者である二人の古生物学者によって私の学部に持ち込まれた〝悪意のある策略〟が、私の健康と経歴を完全に破壊したのです。

彼を時代の寵児にした一九七八年の「二酸化炭素温暖化説」から六年。この間、マクリーンの身になにが起こったのか。そして「アルヴァレスと二人の古生物学者」とは何者なのか。

ウォルター・アルヴァレスとグッビオ

マクリーンによる二酸化炭素温暖化説の発表から、時は二年さかのぼる。
コロンビア大学ラモント・ドハティ地質研究所のウォルター・アルヴァレスは、「溶解作用による石灰岩の褶曲(しゅうきょく)と劈開(へきかい)」と題した論文を、アメリカ地質学会の学会誌に投稿した。[2]彼のある壮大なもくろみは、ここで潰えてしまったかのようにみえた。

地質学者ウォルター・アルヴァレスにとっての〝秘密の場所〟。それは、イタリア半島を南北に縦貫するアペニン山脈のほぼ中央、グッビオという町の近くにある。周囲をぐるりと山に囲まれたこの町の歴史は古代ローマ時代よりもさらに古く、紀元前のエトルリアの時代までさかのぼることができる。長く町を支えてきた基盤は「スカリア・ロッサ」と呼ばれる石灰岩だ。美しいピンクのバラ色をしたこの岩石は、グッビオの町の建築材として重宝されてきた。

一九七〇年代の初め、ウォルター・アルヴァレスは頻繁にグッビオを訪れていた。彼がかつて師事していたプリンストン大学のハリー・ヘスは、地球の表層はプレートと呼ばれる薄く硬い殻で覆われており、それらが時間とともに移動するという「プレートテクトニクス」理論の基礎を築いた人物である。博士号の取得後まもないウォルターも、かつてイタリア半島が小さなプレート上で回転運動を起こしたのではないかと考え、スカリア・ロッサ石灰岩の研究を始めていた。ユーラシア

図7　ピンク色の石灰岩「スカリア・ロッサ」が使われているグッビオの街なみ

大陸とアフリカ大陸の接合部には、まだ誰にも知られていない地球のダイナミズムが隠されているとウォルターは直感した。

スカリア・ロッサが赤い理由。それは、石灰岩中に赤鉄鉱（せきてっこう）と呼ばれる微小な鉱物が含まれているためだ。赤鉄鉱には方位磁石のような性質があり、石灰岩が堆積した当時の地磁気の南北の向きを記録している。

アペニン山脈がいまも昔も変わらず同じ位置にあり、地磁気の向きも同じであれば、赤鉄鉱に記録された過去のN極の向きは、現在と同様に〝北〟を指すだろう。ところが、スカリア・ロッサの赤鉄鉱が示すN極の向きは、現在の〝東〟を向いていた。ウォルターは、イタリア半島の歴史を白亜紀までさかのぼると、時計まわりに九〇度回転すると結論した。

当時としては画期的な発見である。一九七〇年代、すでに五大陸がプレートテクトニクスにより移動した証拠は見つかっていたが、それはあくまでも大陸の話であり、イタリア半島のような小さな地塊が回転するとは、当時は誰も考えていなかった。

　しかし、この結論はもろくも崩れ去ることになる。スカリア・ロッサ石灰岩がつくる地層の縞模様は、水平から約四五度傾いている。このような地層の傾きはアペニン山脈の上昇運動によりもたらされたが、このとき地層の一枚一枚が、わずかに回転運動も起こしていたのである。イタリア半島の回転という大規模なスケールの事象ではなく、より小さな領域での回転運動を観測していただけだったのだ。

　ウォルターがアメリカ地質学会誌に発表した論文は、当初考えていたプレート運動とは無関係な、そうした石灰岩の変形について議論したものである。一九七三年から一九七四年にかけて進められたイタリア半島の回転運動にかんする研究は、成功とはいえない結果となった。


　あえてこの論文から私たちが学ぶことがあるとすれば、それは地質学者ウォルター・アルヴァレスの研究姿勢だろう。ウォルターが見いだした、地層自身の変形による回転運動は、時間をかけて念入りに調べなければわかるものではない。私の経験からいわせてもらうと、同種の問題の検討には、おそらく二、三年は要する。この面倒な検証に目を閉じ、口をつぐんでいれば、これまで誰も証明できなかった「プレートの回転運動」を、いかにも論理的に証明することができたかもしれない。

　だがウォルターは、自然を正しく描写しようと努力し、壮大なもくろみを放棄して、小さい規模の地層の変形という〝取るに足らない〟結論を選択した。

地質学者の資質

「どういう人が地質学者に向いていますか？」

この手の質問には簡単に答えられないので、私は冗談半分に「第一に、勇気、体力、根性があること」とはぐらかすことが多い。しかしこれは、自分の経験にもとづいた示唆であり、あながちまちがいではない。一人で深山に分け入る勇気、数百メートルの高低差を踏破する体力、数週間単位で山々を縦走し、地質調査を最後までやりとげる根性。これらを備えることが地質学者への出発点となるのだが、この時点で挫折する学生は少なくない。若い頃の私も何度かつまずきかけた。

もしも、続けて真顔で「第二に必要なものは？」と尋ねられることがあれば、私は襟を正してこう答えるだろう。

「アブダクション」

ウォルター・アルヴァレスの地質学者としての才能は、まさにこの一点において突き抜けていた。

＊

アブダクション（abduction）は、「演繹」（deduction）と「帰納」（induction）に次ぐ論理的推論の方法として、アメリカの哲学者チャールズ・パースにより提唱された。日本語では〝仮説形成〟と説明されることもある。一般論から個別的な結論を得る「演繹」とは簡単に区別できるが、事実の積みかさねから結論を導く「帰納」との違いは少し難しい。

パースによる仮説形成の実例を見てみよう。[3]

化石が見つかった。それは魚の化石のようであるが、見つかったのは陸地のずっと内側のほうだ。この現象を説明するために、われわれは、かつてこの一帯の陸地まで津波が押し寄せたことがあるに違いないと考える。これは、一つの仮説である。

この例を読み解くと、「陸地のずっと内側で魚の化石が見つかった」という〝事実〟から、「かつてこの一帯の陸地まで津波が押し寄せた」という〝仮説〟が導き出されている。このように、事実を説明するために仮説をつくる方法のことをアブダクションという。

帰納との違いについても、少し触れておこう。たとえば、「陸地のずっと内側で魚の化石が見つかった」という事実と、「別の陸地からも魚の化石が見つかった」という事実があったとする。ここから帰納により得られる結論は、「(きっと)すべての魚の化石は陸地から見つかる」といった、一見風変わりなものとなる。帰納法の結論はたんなる事実の集積であり、「なぜ魚の化石が陸地の奥から見つかるのか」という疑問には答えることができないのだ。

一方、仮説形成には「科学とはかけ離れた思考の戯れ」と化す危険性も潜んでいる。たとえば先のパースの例については、次のような仮説形成も可能である。

事実：陸地のずっと内側で魚の化石が見つかった
仮説①：かつて魚は陸上に生息していた
仮説②：かつて遠くまで空を飛ぶことができる魚が存在した

時間をさかのぼれない以上、魚の化石が内陸で見つかる真の理由はたしかめようがないので、これらの仮説も一応は成り立つ。しかし、あきらかにまちがっていると私たちは気づく。なぜか。「過去と現在の自然現象は、同じように繰り返されているはず」と思い込んでいるためである。

現在の地球上では、陸上に棲む魚はいないし、まして内陸までの飛行能力をもつ魚もいない。「現代にそんなものはいないから、おかしい」と考えるのである。地質学者のみならず、私たちの心の中にも「現在は過去を知る鍵」という斉一説の考えは根づいているのである。

逆にいうと、「過去と現在の自然現象は同じ」と仮定を置くことで、地質学はサイエンスとして成立しているともいえる。さもなければ、絶対にたしかめようがない過去の事実に対しては、無限の〝虚像〟を描き出すことが可能である。

アブダクションによって適切な仮説を引き出す思考メカニズムの詳細はわかっていない。だが、優れた仮説形成は、注意深く自然の観察を重ねた者に突然訪れるのではないだろうか。

ウォルターのアブダクション

三〇代の半ばを過ぎたウォルターは、スカリア・ロッサから得られたデータを眺めていたある日、奇妙なことに気がついた。通常、スカリア・ロッサの赤鉄鉱に記録されたN極は東を指しているのだが、これとは一八〇度反対の西を示すものがいくつか見つかったのである。

ウォルターはただちに、「N極の向きがときおり反転する」という事実を「地球磁場が頻繁に逆転していた」とする仮説に結びつけた。一〇年ほど前から、地球のN極とS極は時代とともに逆転するという理論が主張されるようになっていたことも、ウォルターの仮説を後押しした。

もっともらしい仮説が導き出されたら、次は仮説の検証だ。アブダクションの推論方法は、たった一つだけ手わたされたジグゾーパズルのピースから、パズルの全体像を考えるゲームに似ている。たとえば、パズルに描かれた「モナリザ」を言い当てるゲームがあったとしよう。一つだけ与えられたピースが「世界でもっとも有名な微笑」の口元の部分なら、当てるのは簡単だ。しかし、手わたされたのが暗い背景の一部が描かれたピースだったらどうだろう。そのようなときは新たなヒント、つまり新たなピースがほしくなる。

ウォルターは、時間にかんするピースを求めていた。地球磁場の逆転が当時の地球で本当に起こっていたならば、離れた場所であっても、同じ時代の地層には同じ磁場逆転の歴史が記録されているはずだ。

彼はK／Pg境界に着目し、この時代境界を中心とした地球磁場逆転の検討に取り組んだ。スカリア・ロッサの石灰岩は、かつて深海で堆積した地層であり、有孔虫という微化石を利用することで正確なK／Pg境界の位置を特定することができる。

まずウォルターは、有孔虫化石の専門家であるミラノ大学のイサベラ・シルバから、K／Pg境界を見つける方法を教わった。シルバがいうには、白亜紀の最後の層では一ミリほどの大きさの有孔虫、古第三紀の最初の層ではそれよりはるかに小さい、顕微鏡でしか見えないサイズの有孔虫が見つかるらしい。

ウォルターはさっそく石灰岩をルーペで観察し、有孔虫のサイズの変化に注意しながら、白亜紀と古第三紀の境界を同定していった。いくつかの場所でこの時代境界を調べると、赤鉄鉱の方位磁石が示すN極は、いつも同じ方位を示していた。同じ時代には同じ方位を示すという新たなピースが手に入り、ウォルターは結論を導いた。彼は集中的に調査と実験を繰り返し、最終的にスカリア・ロッサの地磁気にかんする研究を「白亜紀後期から古第三紀の古地磁気層序」というタイトルで論文にまとめあげた[4]。

謎解きパズルのピース

これ以降もウォルターは、グッビオの岩石試料を採取し続けた。まだ誰も調べていない時代の地磁気の逆転の歴史をあきらかにすることは、なによりも価値のある研究のように思えただろう。

この研究の過程で、ウォルターは不思議なことに気がついた。白亜紀と古第三紀の境界部に、かならずといっていいほど〝化石を含まない粘土の層〟がはさまれるのだ。

この粘土層の厚さは一センチほどしかなく、これまでの研究では見過ごされてきた。なぜなら、同様の薄い粘土層はK／Pg境界に限らず、白亜紀からも、古第三紀からも、スカリア・ロッサ石灰岩の中にふつうに見られるものだったからである。

やがて彼は、この粘土層がどのようにしてできたのかに興味をもつようになった。たった一センチの粘土層をはさんで有孔虫の種類が劇的に変わるのは、いったいどういう進化の過程を見ているのだろうか。彼の頭脳は、あらゆる知識の引き出しを開け閉めし、断片的なピースの情報からパズルの全体像を浮きあがらせようとしていた。しかし、よい仮説はなかなか見つからなかった。

図8　グッビオのK/Pg境界（2017年撮影）

そしてウォルターはある日、この問題が科学上、決定的に重要であると悟った。彼の自伝には、この日のことがこう綴られている。[5]

アル・フィッシャーの講演を聞いてまもないある日のことを今もよく覚えている。その日、ラモント研究所の構内を散歩しているときに、これは世界的な科学の謎であることをはっきりと悟った。私たちが科学者として行っている仕事は、基本的にはすでに理解されている問題に関して細かい点をつめていったり、ある水準に達した技術を新しい事例に応用したりする作業がほとんどだ。しかし、まれに真の大発見の機会をあたえてくれる問題がある。課題を選択し、どのような種類の課題を研究していくかは、科学者にとって戦略上重要な決定となる。K－T境界〔当時の呼び方〕の絶滅という問題はまったく新しい方向に導く問題のようにみえたし、散歩を終えるころには、私はこの謎解きをやってみようと決心していた。

K／Pg境界の粘土層が、真の大発見となるパズルピースの一部であることを、彼はこのときはっきりと自覚していた。だが、彼が大発見と呼ぶものの正体は漠然としていた。なにか得体の知れない〝霧〟のようなものが彼を取り巻いており、次に求めるべきピースのありかさえ、はっきりとは見えていなかった。視界をさえぎる霧の正体は、二〇〇年にわたり脈々と受け継がれてきた、自然科学のフィロソフィーそのものであった。

自然は飛躍する？

境界層の問題に取り組みはじめたウォルターであったが、生粋の地質学者である彼は、ある呪縛に囚われていた。チャールズ・ダーウィンにより、斉一説に書き加えられた一節。

——自然は飛躍しない（natura non facit saltum）。

ダーウィンが著した『種の起源』にたびたび使われるこのフレーズは、現在の地球で見られる生物のすべての部分および器官が「ごくゆっくりとした漸進的な歩みによってしか進化しない」ことを言い表わしたものである。

この思想は、斉一説のドグマに新たな視点を与えた。ダーウィンは『種の起源』で、次のような見解を述べている。[6]

古い種類の絶滅は、新しい種類が生み出されることでほとんど必然的に引き起こされる。

古生物学の主立った法則はみな、種は通常の世代交代によって生み出されてきたことを明快に示唆しているように、私には思える。すなわち、改良型の種類は現在もわれわれの周囲で作用している変異の法則によって生み出され、自然淘汰によって保存されることで新たに登場したものであり、古い種類に取って代わってきたのだ。

最初にウォルターは、時間について考えた。K／Pg境界を境にして、砂粒サイズの有孔虫が顕微鏡でなければ確認できないほど小さい有孔虫に取って代わられるために、いったいどれほどの時間が流れたのか。たった一枚の粘土層に記録された時間の流れは、漸進的な進化と絶滅を引き起こすには、あまりにも短いように思われたのである。

もしかして、粘土層の形成にかかった時間はものすごく短いのではないか。ウォルターの頭の中で、ある〝禁じられた〟仮説が、しだいに形をなしていった。

事実：K／Pg境界の粘土層を境に、有孔虫の種は完全に異なる

仮説：K／Pg境界でなんらかの突発的な出来事が起こり、旧形態種は突如として絶滅した

「なんらかの突発的な出来事」「旧形態種は突如として絶滅」。どちらも、斉一説の考えから大きく逸脱する。だがしかし、過去と現在の自然現象は同じとする斉一説の仮定は、本当に正しいのだろうか？

この問題の解決には、例の粘土層が堆積するのに要した時間を割り出す必要があるとウォルターは考えた。[7] 粘土層がゆっくり堆積したのであれば、漸進的なメカニズムで種の入れ替わりが起こっ

たと考えればよい。しかし、もし急速に粘土層が堆積したのであれば、突発的な出来事で旧形態の種が絶滅した可能性が浮上する。厚さわずか一センチの粘土層の堆積にかかった時間は、一年か、あるいは一万年か。

一九七七年にカリフォルニア大学バークレー校へ教授職として移ったウォルターは、この問題に本格的に取り組みはじめる。地質学による年代測定の限界を知っていた彼は、まったく異なるアプローチを模索していた。そしてウォルターは、粘土層の年代解明に取り組むよう頼むために、ある人物を訪ねた。

ノーベル物理学賞の受賞者である父、ルイス・ウォルター・アルヴァレスである。

もう一人のアルヴァレス

バークレーに息子のウォルターがやってきた年、ルイス・ウォルター・アルヴァレス（以下、父をルイス・アルヴァレス、息子をウォルター・アルヴァレスと呼んで区別する）は六六歳の誕生日を迎えていた。二六歳の若さでカリフォルニア大学放射線研究所の助教授に就任したルイスは、その後の四〇年を〝怪物〟と呼びたくなるような、常人の域を超えた熱量で駆け抜けてきた。

私はルイス本人による自伝を読み返し、その生涯をあらためて追ってみた。[8]

＊

ルイス・アルヴァレスは一九一一年、カリフォルニア大学で医師として働いていた父親と、同大学の卒業生で教師である母親の間に生まれた。幼少期は病弱であったために、母親から教育を受けていたそうだ。幼い頃に機械に興味があることを見抜いた父親は、息子をサンフランシスコ工科高等学校へと通わせた。ルイスは幸福な家庭で育ったのだ。

一九二九年に起こった世界大恐慌をよそ目に、ルイスはシカゴ大学に進学し、物理学への興味を強めていくことになる。彼は自然科学のなかでも最小単位の現象、すなわち物質を構成する原子と原子核の研究に没頭した。大学院生のときには、宇宙線が正の電荷をもっていることを実験的に示した。博士号取得後は、K電子捕獲と呼ばれるまったく新しい原子核の放射性崩壊を発見。さらに、水素爆弾の原料の一つである三重水素が、放射性同位体元素であることなどを発見した。優れた物理学者でさえ一生かけて積み上げるような業績を、ルイスは二〇代のうちに次々と打ち立てていった。

図9　グッビオ近くのK/Pg境界層に立つルイス（左）とウォルター（右）

一九三九年にヒトラー率いるナチス・ドイツがポーランドへ侵攻し、第二次世界大戦が勃発。アメリカはビジネスチャンスに沸いた。多くの科学者が軍事開発に携わり、開発された武器は連合国へと輸出されていった。

ルイスも一九四〇年、レーダーによる航空機の敵味方識別装置の開発に従事した。ついでマイクロ波レーダーの開発に携わり、他国の軍事作戦をいち早く正確に把握するシステムを構築した。この発明は、ヨーロッパの戦局に決定的な影響を与えた。さらに彼は、第二次世界大戦以降も長らく使用されることになる、レーダーによる航空機の離着陸誘導システムも開発した。これにより、飛行訓練を十分に積んでいないパイロットでも、戦地へと送り出すことが可能となった。

日本とアメリカが太平洋戦争に突入すると、ルイスはいよいよ祖国にとって重要な科学者となった。一九四三年、ノーベル物理学賞の受賞者であるシカゴ大学の物理学者エンリコ・フェルミと共同で、核融合実験の副産物、質量数一三三のキセノンの研究を行なった。キセノン一三三は当時の大気中から検出されなかったので、まだドイツでも、ほかの国でも、原子爆弾の開発には成功していないと彼は結論づけた。これは、核分裂生成物をモニタリングした世界で最初の事例となった。

その後、ニューメキシコ州ロスアラモスに移り、原子爆弾の開発、通称「マンハッタン計画」に参画する。戦争が激しくなるにつれ、彼の研究経歴もますます異常性を増していった。

一九四五年七月一六日、ニューメキシコ州において人類史上初の核実験「トリニティ」が実施された。彼は爆圧効果測定のためにB‐29爆撃機に乗り込み、人類で初めて、核爆発を上空から観測した人間の一人になった。そしてトリニティ実験から一か月もたたない一九四五年八月六日、広島へ原子爆弾が投下された。このときも彼は、B‐29爆撃機「グレート・アーティスト」に搭乗しており、眼下で数万人の命が一瞬で奪い去られるなかで、忙しく爆圧効果のデータ取得に取り組んだ。後悔は、自己を肯定することでいくぶん救済されるのかもしれない。広島からテニアン島の基地へ帰る途中、ルイスは当時四歳だった息子のウォルターに宛てた手紙を書いた。[9]

今朝、私が何千人もの日本人の殺戮に加担したという後悔は、われわれが造り出したこの恐ろしい兵器が世界の国々を連帯させ、さらなる戦争の抑止につながるという希望によって鎮められるだろう。

このときルイスがある日本の科学者に向けて秘密裏に、戦争終結のためのメッセージを送っていたことはあまり知られていない。彼は、原子爆弾とともに降下された爆圧測定器に、「サガネ教授へ」と宛てたメッセージを貼りつけていた。サガネ教授とは、当時東京大学の物理学教授であった嵯峨根遼吉氏のことであり、ルイスとは旧知の仲であった。メッセージには、「あなたがすぐれた原子核物理学者としての社会的な影響力をもって、日本国の参謀たちに、これ以上戦争を続けるならば日本国民が決定的な損害を受ける、という怖るべき結果が起こることを知らせてほしい」と書かれていた[10]。ルイスは、原子爆弾の投下が第二次世界大戦を終結に導くことを望んでいた。

戦後はカリフォルニア大学へと移り、戦時中から考えておいた粒子加速器にかんする研究を再開した。ルイスは、自説の証明に必要な実験装置の開発においては超一流であった。一九六八年、彼は科学界の頂点へと到達する。原子よりもさらに小さい、素粒子物理学の開拓へとつながった水素泡箱の開発で、ノーベル物理学賞を受賞したのである。

このとき彼は五七歳を迎えていた。科学アカデミーの重鎮に名を連ね、研究キャリアを終息させるにはよい時期であったが、彼はじっとしてはいなかった。同年、宇宙線を利用したピラミッド内部透視計画が実行に移された。一九六五年の研究計画書には、彼がエジプトの三つのピラミッドについて綿密に検討し、カフラー王の第二ピラミッドには隠された埋葬室があると考える根拠が、真剣に述べられている[11]。

　ピラミッド周辺のさまざまな位置で宇宙線の計数率が測定された。もし未発見の埋葬室があれば、異なる方位からやってくる宇宙線の計数率に異常が見られるだろう。途中、アラブ・イスラエル戦争により計画は中断したが、本計画は一九六九年まで実施された。しかし、調査領域の一九パーセントを終えたところで計画は終了した。埋葬室は見つからなかったのだ。彼はのちにこう表現している。「われわれは、埋葬室がないことを発見したのだ[12]」。

＊

　以上のようなルイスの経歴は、一見すると突拍子もないものだが、彼の研究の基礎は一貫して原子核物理学とともにあった。軍事開発もピラミッドの埋葬も、この学問分野の延長線上に位置する応用分野にほかならない。彼の経歴を見ると、真に革命的な科学に対してのみ情熱を注いでおり、そのほかの些細な科学の前進にはまるで興味がないようにも思える。

ルイスの転機

　どんなに優れた科学者でさえ、研究者を続けるかどうか、進退を決める時期はやってくる。一九七七年、ルイスは一線を退くことを決意した。だが、退役を宣言した者に対する世間の風は冷たい。彼がつねに先頭を走り続けていた物理学の集団は、しだいに彼を置き去りにしようとしていた。ちょうどそんなときに、息子のウォルターがバークレーにやってきたのだ。

　ウォルターは、とっておきの手土産をルイスに持ってきた。例のK／Pg境界の問題である。コロンビア大学からカリフォルニア大学バークレー校へと籍を移して間もないウォルターはある日、父親にグッビオの岩石サンプルの検分を依頼した。

透明合成樹脂に封入したタバコ箱サイズの岩石の断面を、ルイスはルーペで詳しく観察した。断面の下部は白い石灰岩、真ん中に一センチほどの粘土層、上部に赤色の石灰岩が見られる。ウォルターの説明では、この粘土層は恐竜の絶滅で知られる六五〇〇万年前のK／Pg境界で堆積したものという。粘土層より下の白い石灰岩には、小さな有孔虫の殻が見られた。しかし粘土層より上の赤い石灰岩では、なにも観察されない。ウォルターは説明をつけ加えた。[13]

この粘土層は世界中にあるのですよ。そしてここで突然、有孔虫化石が消失しているのです。

ルイスはこのときの経験を「これまで聞いたなかで、もっとも魅力的な新事実の一つだった」と自伝に書いている。[14]それ以前は、ウォルターが研究する地質学分野に、学問的におもしろいものはなにも見いだせていなかった。しかし、ついにルイスは見つけた。彼は興奮してウォルターに説明を求めた。

このときすでにウォルターは、粘土層がどのように形成されたか、ある仮説を立てていた。彼がどのようにそれを思いついたかは不明だが、その内容は次のようなものである。[15]

白亜紀末の海底では、浮遊性有孔虫や円石藻を構成する炭酸カルシウムの殻が沈積して石灰岩を形成していた。あるとき〝なんらかの突発的な出来事〟が起こり、これらの生物は一掃された。浮遊性有孔虫や円石藻が消失すれば、炭酸カルシウムの殻はつくられないので、石灰岩は形成されない。この間、陸からやってくるわずかな塵だけが堆積して、粘土層が形成される。その後、浮遊性有孔虫や円石藻の殻形成がふたたび開始され、石灰岩の堆積が始まると、二枚の石灰岩の間には粘土層だけが残された。

「なんらかの突発的な出来事」が事実として特定されないうちは、これは仮説として非常にお粗末なものである。だがウォルターは、粘土層の堆積時間が問題を解決する糸口になることをルイスに告げた。ウォルターは当時、粘土層の堆積には五〇〇〇年くらいかかったのではないかと推定していた（のちにこれはまちがいとわかる）[16]。五〇〇〇年は一見、長い時間に思えるが、ダーウィンの考えにもとづくと一瞬ともいえる程度の時間である。なにか得体の知れない突発的な出来事が地球上で起こったことを、K／Pg境界の粘土層が示しているように思えた。

年代測定に使える元素が必要だ——。原子や同位体の情報について、当時の研究者でルイスほど詳しい科学者はいなかった。ルイスは手はじめに、放射性同位体元素である質量数一〇のベリリウムを使う手を思いついた。しかしこれは、放射壊変にかかる時間が短すぎるという理由で、年代測定には不適当だということがわかった。

求められていた新たな年代測定の手法は、意外な場所、私たちのはるか頭上からもたらされた。

第4章 事件

宇宙からの使者

大学で地質学を教えている私は、学生と昼食をともにすることがある。昼休みの学生たちでごった返す学食はあまり居心地がいいとはいえないが、食事をとりながら少し研究の話ができる。

「そういえば、ペルム紀から〝うちゅうじん〟見つかった？」
「いや、全然見つからないですね。なぜでしょう」
「サンプルの量が足りないんじゃない？　思い切って一〇〇倍に増やしてみたら」
「たいへんそうですが、やってみます。大量にうちゅうじんが見つかったらすごいですね！」

隣のテーブルの学生が変な目でこちらを見るが、もう慣れたものだ。私たちが話題にしているもの——それは「宇宙人」ではなく、宇宙のチリ、宇宙塵（うちゅうじん）である。

宇宙塵とは、惑星間に存在する直径一ミリ以下の微粒子だ。現在、年間三万トンほどが地球に降り注いでおり、大気圏突入時に蒸発しなかった一部の宇宙塵は、最終的に地表に到達する。平均すると一平方メートルあたり年に一粒の宇宙塵が地表に到達している計算になるので、私たちの肩に

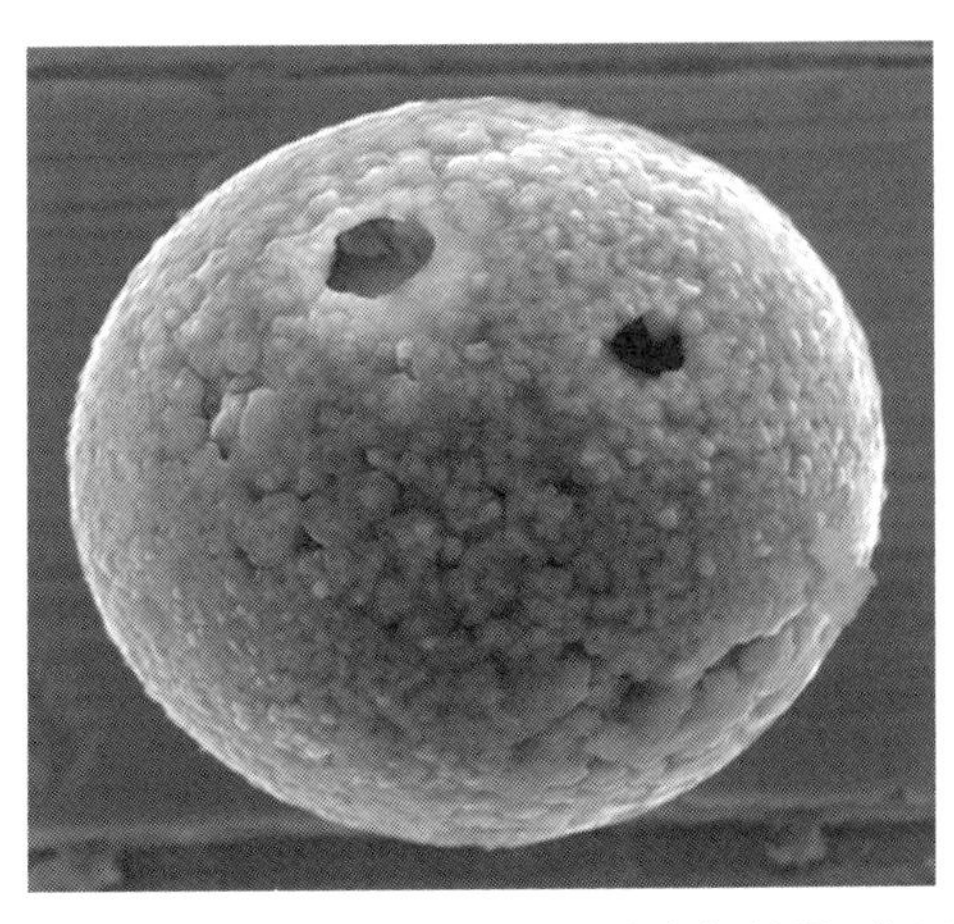

図10　大気圏に突入して地表に落ちてきた宇宙塵（直径は約0.03mm）

も、知らず知らずのうちに〝宇宙からの使者〟が舞い降りてきているかもしれない。

ルイス・アルヴァレスは、地層の堆積速度の決定に宇宙塵を使う手があることを突き止めた。

宇宙塵の研究は、一九五六年に電子線マイクロアナライザが市販化されたことで一気に開花する。それまで、本当に宇宙からもたらされたのかよくわからないまま宇宙塵と呼ばれてきた黒色の微粒子は、この分析機器の登場と詳細な化学分析により、真に地球外物質であることがわかった。一九六〇年代から七〇年代にかけては、おもに太平洋の深海と南極の氷床から見つかる宇宙塵についての新しい発見が、『サイエンス』や『ネイチャー』などの科学雑誌をにぎわせていた。かつて南極調査に帯同したことがあったルイスは、宇宙塵の存在を知っていた。

宇宙塵は一定の割合で地球に入ってくるので、地層がゆっくり堆積すると、宇宙塵は堆積岩中に濃集する（前後の地層よりも高い濃度で含まれる）。このことは、彼の母校シカゴ大学エンリコ・フェルミ研究所のエドワード・アンダースらによって突き止められていた。[1] ルイスはこの研究を知り、応用することにした。K／Pg境界の粘土層は上下の層の石灰岩に比べて堆積速度が遅いはずなので、そのぶん宇宙塵は粘土層に濃集していると考えたのだ。しかし、宇宙塵を拾いだして正確な数をカウントするのは困難だろう。含まれる宇宙塵の量を、元素の分析から間接的に調べることはできないだろうか？

ルイスは、親鉄元素に思い至った。語源は「鉄の恋人たち」であるこの元素の一群は、地球誕生の初期に中心の金属核に集められて、現在の地表にはほとんどなくなっている。いくつかの親鉄元素のなかでも、地球外物質に特に多く含まれ、地球上の岩石には特に少ない元素として、質量数七七の「イリジウム」があることをルイスは知っていた。

つまり地表のイリジウムは、ほぼすべてが宇宙塵によってもたらされたものなので、地層中に含まれるイリジウムの量は、そのまま宇宙塵の量の代変指標として使えるのだ。このことも、エンリコ・フェルミ研究所のグループによって指摘されていた。[2] そして、岩石中のイリジウム濃度は、ルイスにとって身近な「中性子放射化分析」という手法を用いれば非常によい精度で測定できる。ルイスは放射化分析のスペシャリスト、カリフォルニア大学バークレー校のフランク・アサロとヘレン・マイケルの二人にすぐさま連絡をとった。

イリジウムの起源

ルイスが相談をもちかけた一九七七年、フランク・アサロとヘレン・マイケルは〝化学探偵〟としてある騒動に巻き込まれていた。

「ドレイクのプレート」は、一九三六年にサンフランシスコ北方の海岸で見つかった真鍮製の金属板である。カリフォルニア大学バンクロフト図書館にながらく保管されてきたこの金属板は、一五七九年に作成されたと考えられてきた。エリザベス一世の時代に王族に認可された海賊フランシス・ドレイクが、北米西海岸を北上中に当地の海岸に残したものとされる。金属板には、この土地をエリザベス女王に譲りわたすようにと書かれた文言が残されている。

ところが、文字が四〇〇年前の書体とは異なることなどから、偽物ではないかとの指摘があった。本当にこの金属板は一六世紀の技術でつくられたものなのか。化学分析にもとづいた検証をしてほしいという依頼が、アサロとマイケルのもとに舞い込んだ。

二人はプレートの裏からわずかな量の金属を削り取り、中性子放射化分析を行なった。この分析方法では、原子炉で作られた中性子を照射された試料から放出されるガンマ線を検出し、微量元素（正確には同位体）の含有量を、超高感度で測定することができる。

はたして二人は、金属板の化学組成がドレイクの時代に使用されていたものとは異なることを見いだした。現代の精錬方法を用いなければつくることができない組成だったのである。つまり、金属板は偽物と判明した。かくしてカリフォルニア大学は、一つの歴史的遺品を失うことになった。[3]

このようにアサロは、考古学的に重要な建築物や美術品についての放射化分析を得意としていた。たとえば、エジプト・ルクソールのナイル川西側にある二体の「メムノンの巨像」の石材が、六〇〇キロ以上離れた場所から運ばれたことを発見したのも彼らの研究グループである。[4] 考古学とはいえ、岩石の定量分析の経験がある彼は、イリジウムの分析を依頼するにはうってつけの人物に思われた。

一九七七年一〇月、アサロとマイケルにグッビオから採取された岩石試料がルイスから手わたされた。分析装置の故障や、ほかのサンプルの順番待ちなどもあって、データが出揃うのに一〇か月もかかったが、翌年六月、ついにルイスとウォルターは分析結果を目にすることになった。

彼らは、ゆっくり堆積した粘土層に含まれるイリジウムは、上下の層に見られる石灰岩に比べて多くなると予想していた。ウォルターの予測では、その差はおよそ一〇倍程度だった。

しかしアサロとマイケルが出した結果は、驚くべきものであった。グッビオの粘土層のイリジウムは、上下の石灰岩に比べて三〇〇倍もの濃度で含まれていたのである。

これほど過剰なイリジウムは、堆積にかかった時間の差だけではもはや説明できない。ルイスの頭の中では、おそらくさまざまな仮説形成が繰り返されたのだろうが、地球上で考えられる現象ではイリジウムの異常な濃集は説明できそうになかった。

もはや疑いの余地はない。イリジウムは〝宇宙からもたらされた〟のだ。大量の地球外物質が、イリジウムをこの粘土層に運んできたのだ。

ルイスは、イリジウムの起源を考察すると同時に、どうしてこの現象が浮遊性有孔虫の絶滅と関係しているのかを考えた。まず彼は、K/Pg境界の大量絶滅の可能性として、カナダ国立自然科学博物館のデール・ラッセルが当時提案していた「超新星爆発」説を疑った。

核物理反応に精通していたルイスは、質量数二四四のプルトニウムを検出できれば、超新星爆発を証明できると考えた。プルトニウムは地球表層の岩石にはほとんど含まれていない。現在の大気や海水中から検出されるプルトニウムは、ほとんどが原子炉のウランからつくられた人工のものである。しかし、超新星爆発が起これればプルトニウム二四四が生成され、宇宙空間を経て地表に降り注ぎ、K／Pg境界の岩石にも含まれているに違いない。

プルトニウムの落とし穴

一九七九年二月、アサロとマイケルによりプルトニウムの分析が行なわれた。結果はまたしても仰天すべきものであった。本当にプルトニウム二四四が検出されたのである。ルイスの予測はみごとに的中した。プルトニウムもイリジウムも、超新星爆発により撒き散らされ、地球にやってきたのだ！

ルイスは結論へと一気に飛躍した。少なくとも海の有孔虫は、超新星爆発によって消滅した。恐竜だってきっと、超新星爆発のせいで絶滅したに違いない。

彼はアメリカ自然科学アカデミーの会長にすぐに電話を入れた。次のアカデミー年会で、ぜひとも講演をさせてほしい。われわれの発見は、アメリカ地質調査所の創立一〇〇周年記念行事に花を添えるはずだ。アカデミー会長は彼の申し入れを受諾し、発見への賛辞を送った。ルイスはすぐに超新星爆発説の原稿執筆にとりかかった。

しかし、である。話がうまく行きすぎているのではないかと、生粋の実験物理学者であるアサロは疑っていた。そして、念のためプルトニウム検出の追試を行なった。すべての手順を見直し、完璧を期した。じつは、彼には一つ気になっていたことがあった。分析の化学的な処理に用いるフッ化水素酸という薬品を切らしていたため、最初の分析では上の階の実験室から借りてきたのだ。そのため今度は、新品のフッ化水素酸を使った[5]。

結果は――なにも検出されなかった。追試験では、岩石試料にプルトニウム二四四は含まれていなかった。やはり、例のフッ化水素酸が問題であった。借りてきた薬品が置かれていたテーブルでは、かつてプルトニウムが実験で用いられていた。つまり実験汚染（コンタミネーション）だったのだ。実験物理学者にとって、致命的なミスを犯すところであった。もしこのようなデータが公表されていれば、ルイス、ウォルター、アサロ、マイケルの研究キャリアは窮地に陥っていたであろう。ルイスは講演の予定をキャンセルしたが、それだけですんだのは不幸中の幸いだった。

結局のところ、超新星爆発などなかったのだ。そう結論づけたウォルターは一九七九年の夏、さらなるサンプルを求めてイタリアへと旅立った。そしてルイスはこの夏を、イリジウムの起源についての理論を深く考察する時間にあてようと考えていた。

天体衝突仮説の誕生

ルイスはふたたびイリジウムと絶滅を結びつける仮説形成に取り組みはじめた。

巨大分子雲の中を地球が通過したというのはどうだろう。分子雲中の水素分子と地球大気中の酸素が反応して、地球を酸欠状態にするのだ。いやしかし、分子雲を通過するのは時間がかかりすぎて、K／Pg境界のような薄い粘土層にはならないだろう。では、木星から水素とイリジウムがもたらされた可能性はどうだ。小惑星が木星に衝突して、放出された水素が地球にやってきたと考えられないか。しかしそのような観察事実は知られていないので、これも厳しい。それなら、かつて太陽活動が異常に活発な時期があったとしたら？

さまざまな絶滅のメカニズムが試されたが、彼が最後にたどり着いたのは、バークレー校の同僚であるクリス・マッキーが提案した〝天体衝突〟であった。[6] ルイスは初めの頃、たとえば小惑星などの天体衝突がどのように生物を絶滅に導くのかわからなかった。マッキーとともに衝突で発生する津波のアイディアも検討したが、有孔虫の絶滅がうまく説明できないし、かなり内陸で生きていた恐竜まで絶滅に導くのは難しいだろう。

一八八三年に起こった「ツングースカ・イベント」は参考になるだろうか。彗星もしくは隕石が、大気分子との衝突によりロシア上空で炸裂し、半径五〇キロの森林を炎上させたという出来事である。炸裂で細かい破片となった岩片は、長く地球大気に塵としてとどまり、太陽光をさえぎっただろう。この塵は、ひょっとして地球環境に影響を与えるのではないだろうか。

ルイスは当初、巨大な天体が地球に直接衝突したとは考えていなかったようだが、正しい道を歩みはじめていた。彼は、大気中にもたらされた塵が太陽光をさえぎり、地球規模の寒冷化を引き起こした、ある事例を知っていたのだ。

ヒントは、ルイスがかつて父親にもらった一冊の本、ロンドン王立協会が出版した『クラカトア大噴火』に隠されていた。[7] 一八八三年、インドネシア・クラカトア火山の大噴火が大量の火山灰と塵を大気中に放出した影響で、世界各地でさまざまな異常気象が見られたという。この本では、どれくらいの体積の山体が吹き飛び、火山灰とともにどれくらいの塵が放出されたかも計算されていた。

*

クラカトア大噴火については、知人の火山学者に聞いた興味深い仮説がある。

ノルウェーの画家ムンクの代表作「叫び」は、一八九三年に制作された。血のように赤い夕焼け、絵画中央で水平方向に折りたたまれるフィョルドの景色、そしてそれらの背景を斜めに切り裂く橋。これらの構図は、見る者にめまいと不安を呼び起こすが、なにより印象的なのは、耳をふさぎ鑑賞者に向かってなにかを叫んでいる人物の姿である。フロイト以降の心理学者たちは、「叫び」のなかにあるさまざまなシンボル、特に橋の意味や、赤い背景に神経症の痕跡を見いだそうとしたが、テキサス州立大学の天文学者ドナルド・オルソンの仮説は、これとは視点が異なる。

もともとムンクはこの絵のタイトルを「自然の叫び」にしようと考えていた。彼は一八九二年一月二二日の日記に、この作品の原点となった体験を次のように書いている[8]。

2人の友人と道を歩いていた。太陽が沈み、ものうい気分におそわれた。突然空が血のように赤くなった。私は立ち止って手すりにもたれた。とても疲れていた。そして見たのだ、燃えるような雲が群青色をしたフィヨルドと街の上に、血のように剣のようにかかっているのを。友人たちは歩み去ってゆくが、私は恐怖におののいてその場に立ちすくんだ。そして聞いた、大きな、はてしない叫びが自然をつらぬいてゆくのを。

やけに具体的な情景描写に思われないだろうか。つまりこの作品の赤い夕焼けは、ムンクの心理状態からもたらされたものではなく、彼が祖国ノルウェーで実際に見た景色と考えられるのだ。ドナルド・オルソンの仮説では、この真っ赤な空の原因は、クラカトア噴火により成層圏にまで到達した火山由来の物質と考えられる。噴火当時、ヨーロッパ諸国で異様な色の夕焼けが何か月も観測されており、ムンクもこれを見たというのだ。クラカトアの噴火は、地球の反対にいる芸術家にも、多大なるインスピレーションを与えたのかもしれない。

仮説から確信へ

クラカトアの大噴火から、ルイスはついに結論を得ることができた。直径一〇キロの小惑星が地球に衝突する。その結果、衝突地点から大量の塵が放出される。計算してみると、塵は数年にわたって成層圏にとどまる。塵が太陽光を遮断して地表に届かず、光合成が停止され、生食連鎖（生きた植物が関与する食物連鎖）は崩壊し、大量絶滅を引き起こした。これは完璧な理論だ！

図11　クラカトア噴火を描いた石版画

ルイスは、ウォルター、アサロ、マイケルの三人に彼の理論の詳細を告げた。調査でイタリアにいたため議論の流れを把握していなかったウォルターだけが、この説に懐疑的だった。コペンハーゲンで開かれるK／Pg境界の会議でこの衝突説を発表しようとルイスは提案したが、ウォルターは慎重になるようにと制止した。結局、イリジウム異常と超新星爆発説に否定的な結果のみを発表するため、ウォルター一人が参加することになった。

このコペンハーゲンの会議では、予想外の出会いがあった。オランダの地質学者ヤン・スミットに、ウォルターは初めて対面したのだ。このときスミットは、驚くべきことをウォルターに告げた。彼のスペインの調査地カラバカでも、イリジウムの異常が発見されたというのだ。

第2章で紹介したように、スミットはスペインのカラバカでK/Pg境界を調べ、微化石の〝突然の消失〟を発見していた。そして彼もウォルターのグループと同様に、カラバカのK/Pg境界の地層を、中性子放射化分析のできるオランダ・デルフトの研究機関に送っていた。当時のスミットは単核白血球増加症にかかっておりデータの解析が遅れていたのだが、彼も偶然、ウォルターとまったく同時期にイリジウム異常を発見していたのである。しかしスミットは、イリジウム異常が巨大隕石の衝突によりもたらされたことに確信が持てず、絶滅のメカニズムについても適した説明を見いだすことができていなかったため、このイリジウム異常が天体衝突によるものとする大発見をウォルターたちの手柄として認めた。

ウォルターはここで、天体衝突仮説を確信に変えた。

そしてついに、ルイスのチームは一本のある論文を書き上げた。そこにはK/Pg境界の地質、放射化分析、超新星爆発、クラカトア噴火、天体衝突と絶滅の理論など、あらゆる情報が詰め込まれていた。彼らは意気込んで『サイエンス』に投稿した。

ところがサイエンス誌の編集長フィル・エイブルスンは、最初の論文を差し戻した。彼によれば、同誌は「ここ数年で、K／Pg境界絶滅の原因を解決したとする複数の論文が出たばかり」というのである。ウォルターは粘り強くエイブルスンと交渉し、論文を半分に短くするという約束のもと、なんとかサイエンス誌に公表することができた。

一九八〇年六月一一日に発行された彼らの論文は、次のようなタイトルであった。[9]

〈白亜紀／古第三紀絶滅の地球外原因説について　実験結果と理論的解釈〉

通常、論文の冒頭には「短い要約」が置かれるが、この論文の要約はかなり長い。

白金族元素は、宇宙での存在量に比べると地球の地殻上では枯渇している。そのため深海底堆積物におけるこれらの元素濃度は、地球外物質の流入量を示している可能性がある。イタリア、デンマーク、ニュージーランドに露出する深海成の石灰岩は、いまから六五〇〇万年前の白亜紀／古第三紀境界の絶滅の時期に、それぞれ三〇倍、一六〇倍、二〇倍で基準値を超えたイリジウム濃度を示している。このイリジウムは地球外起源と考えられるが、超新星爆発によりもたらされたものではない。ここにイリジウムの観察結果と絶滅について説明する一つの仮説を提示する。地球軌道を横切る小惑星の衝突は、岩石を粉砕し、衝突体の六〇倍もの物質を大気中に放出する。放出された塵は数年間にわたり成層圏にとどまり、世界中に広がるだろう。その結果起こる暗闇は、光合成を抑制し、古生物学的データにみられるような絶滅とよく似た生物学的な影響をもたらす。この仮説から導き出される一つの予測を検証した。すなわち、境界に見られる粘土層の化学組成は、白亜紀と古第三紀の石灰岩中に含まれる粘土の組成とはまったく異なるものであり、成層圏の塵からもたらされたものと判断される。四つの異なる推論から求められた小惑星の直径は、一〇±四キロメートルである。

四人の著者、ルイス、ウォルター、アサロ、マイケルは誇らしかった。彼らの論文には、「自然は飛躍しない」とする斉一説のドグマに改訂を迫る内容が含まれていた。天体衝突という天変地異が、生命の絶滅と進化に大きな影響を与えていたのだ。

この主張は、地質学者や古生物学者に驚きとともに迎えられるだろう。ルイスはそう考えていた。しかし、少し前に一人でコペンハーゲンのK／Pg境界会議に出席したウォルターは、そのことについては楽観視できなかった。彼は、いかに多くの古生物学者が、K／Pg境界の絶滅にかんして「漸進的」に物事をとらえているかを、会議の講演から感じとっていたのである。

ある疑問

ここまで私は何度も、アルヴァレス親子の「ひらめき」について述べてきた。仮説形成のセンスは一般の研究者をはるかに超えており、ノーベル賞受賞者が出るような家系は「世界が違う」と驚かされてきた。しかし一点だけ、どうしても気にかかることがあった。ここから先は、私の〝独り言〟として聞き流してもらってもかまわない。

繰り返しになるが、アルヴァレス仮説の中核は次のようなものである。

「直径一〇キロの小惑星が地球に衝突することで大量の塵が放出され、太陽光を数年間にわたって遮断し、光合成生物の活動が止まることで生食連鎖が崩壊、連鎖的な絶滅へとつながった」
この仮説形成が導かれるための重要なターニングポイントは、ルイスがクラカトア噴火の本のことを思い出し、「塵が太陽光線をブロックし、光合成生物の活動停止、生食連鎖の崩壊」をひらめく場面である。[10]

私の手元には、ルイスとウォルターによって書かれた二冊の自伝がある。ルイスは、クラカトア噴火にかんする本を探し出したときの様子をこう綴っている。[11]

私はかつて父親から、ロンドン王立協会が一八八八年に出版した、クラカトア火山にかんする分厚い本を譲り受けていた。その本はウォルターにわたしてあったが、私はそれを返してもらい研究を始めた。その本は、当時の噴火についてあらゆることを教えてくれた。たとえば、どれだけの体積の火山物質が成層圏に放出されたか、それらがどのように地球に降下してきたかなどである。

一方、息子ウォルターの自伝では、その本の発見の経緯は異なっている。[12]

とうとう父は衝突で大気に噴出されたと思われる塵について考えはじめた。父は以前読んだ本に一八八三年に起こったインドネシアのクラカトア火山の噴火のことが書かれていたのを思い出した。その本には、クラカトア噴火で大量の塵と灰が大気にばらまかれ、鮮やかな色の夕焼けが世界の反対側にあるロンドンで何カ月も見られたという記述があった。父はその本を探し出した。クラカトア噴火の規模を巨大な衝突の規模に拡大すると、大気中に噴出された大量の塵のせいで世界中が暗くなるのではないか、と父は考えた。

父ルイスが自分のところに本を返してほしいと言ってきたはずなのに、なぜウォルターは「父はその本を探し出した」と他人事のような回想をしているのだろうか？

私はここに、きわめて取り扱いの難しい問題が隠されているように思えた。おそらくルイスは父親からもらった本から天体衝突仮説の着想を得たわけではない。クラカトアの本の発見ストーリーは〝あとで書き加えられたもの〟ではないだろうか。

私がこのように考えるのは、それなりの理由がある。まずは以下の文章を読んでいただきたい。

このような大規模の衝突は、直接的には爆発の衝撃によって、間接的には塵と酸化窒素の成層圏への放出によって、必然的に地球規模の影響をおよぼすにちがいない。

陸上では、衝撃波がK/Pg境界絶滅の主要な原因となった可能性がある。

高い衝突エネルギーをもつ天体〔衝突体の直径が十数キロオーダーの衝突〕は、一兆トンもの物質を成層圏にもたらし、細かい塵が太陽光を遮断し、生食連鎖に破滅的な影響をおよぼす。

比較の例をあげると、クラカトア火山では一〇パーセント、ツングースカ・イベントは一パーセントの太陽放射エネルギー量の低下を、約一年にわたり引き起こした。

これはルイスの論文からの引用ではない。一九七九年一一月にイギリスの科学雑誌『ネイチャー』に掲載された、別の著者の論文の一部である。[13]
「地球の激変説の理論」と題されたこの論文は、エジンバラ王立天文台のウィリアム・ナピエとビクター・クリューブにより書かれたものである。ご覧のとおり、この論文には、ルイスの天体衝突説の理論的基盤となっている「クラカトア火山」「天体衝突で成層圏に放出される塵」「太陽光の遮断」「生食連鎖の崩壊」、これらすべての要素が備えられている。
ナピエらの論文は、一九七九年の六月に『ネイチャー』誌へ投稿されている。ルイスとウォルターの自伝によると、ルイスが天体衝突仮説を思いついたのは一九七九年の夏以降なので、ナピエがルイスの説を剽窃し、論文を書いたということはありえない。では、逆にルイスのほうが盗用した可能性はあるのだろうか。
もしかしたら、印刷前のナピエの論文に記された内容を、ルイスは知ることができる状況にあったかもしれない。ウォルターの自伝によると、一九七九年の夏、父ルイスは「かなりの時間を費やして、バークレーの天文学の教授、クリス・マッキーと話をしていた」とある。そして「クリスの影響を受けて、父は衝突説を真剣に採り上げるようになった」と書かれている。[14]
『ネイチャー』などの権威ある学術誌は、投稿されてきた論文に掲載の価値があるか、その分野の一流の科学者に意見を求めることがある。もしかしたらナピエの論文も、マッキーら著名な天文学者が多数在籍するカリフォルニア大学バークレー校に送られてきたのではないだろうか。もし同僚のルイスが頭を悩ませている問題の答えを自分が知っていたとしたら、研究倫理に背くとはいえ、秘密にしておけるだろうか。

あるいは、ルイスのグループか周辺の研究者が、学会や研究集会でナピエの発表を聞いた可能性もある。じつはナピエの論文には、グッビオでイリジウムの異常が見つかったということを「ウォルター・アルヴァレスからの私信による」として取り上げている。まちがいなく二つのグループは、論文の公表前からおたがいの研究のことを知っていたのだ。

むろん、これは私の完全な妄想であり、たしかな根拠はなに一つない。しかし本当に、ルイスとナピエのグループが、まったく独立に〝ほとんど同じ内容の〟衝突による絶滅理論を構築したということがあり得るのだろうか。科学史に残る重大な発見のなかには類似のケースがしばしば見られるが、その理由は永遠に謎のままである。

第5章

猜疑

異端の論文

一九八〇年の「サイエンス」誌に登場したルイスらの論文は、まずタイトルからしていかがわしく、〝異端〟の論文の特徴をことごとく備えていた。特に、著者四人が原子核物理学者、地質学者、それに考古学が専門の地球化学者二名からなる〝アウトサイダー〟であったことが、まずは正当な評価を妨げた。タイトルに「絶滅」と掲げられているものの、古生物学的な議論はほとんどない。当初、専門家である古生物学者からは、部外者の論文として一瞥されただけだっただろう。

なにより、論文の責任を負うべき第一著者が〝キャリア黄昏時のノーベル賞受賞者〟である。このことは、中身を検討する以前の問題として、さかのぼること七年前のある論文を連想させた。

*

ハロルド・ユーリーは一九三四年、重水素の発見によりノーベル化学賞を受賞した。ルイスと同様に、原子と原子核の研究者である。二人の共通点は多く、ユーリーも第二次世界大戦中はマンハッタン計画に参加し、ウランの気化拡散法の発明で原子爆弾の開発に携わった。

大戦後はシカゴ大学核科学研究所の教授となり、酸素、炭素、水素の同位体元素を中心に研究した。スタンリー・ミラーと行なった有名な「ユーリー＝ミラーの実験」では、原始地球の大気（水素やメタンなどが想定されていた）を模した気体中に放電することで、アミノ酸など生命分子の材料が合成されることを示した。これは、生命の起源についての初期の重要な化学的実験である。

そんな彼が七九歳を迎えた一九七二年、生物の絶滅にかんする論文を『ネイチャー』に投稿した。[1]彼の論文は、「いくつかの地質時代境界に見られる絶滅は、彗星の衝突により引き起こされた」というルイスらが導いた結論と類似の内容であった。ユーリーの論文は衝突エネルギーの計算が主であり、K／Pg境界の大量絶滅も衝突による〝大気や海洋の加熱〟で引き起こされたとしている。有孔虫殻の酸素同位体を利用した古水温計の開発など、ユーリーは古海洋学者や地質学者にはなじみの発見をいくつも成し遂げていたので、『ネイチャー』に掲載された絶滅の理論は、地球科学の世界の住人に注目されてしかるべきだった。

しかし、実際の地質学者の反応は鈍いものであった。ユーリーの説を真面目に検討しようという者は、一人として出てこなかったのである。実際、彼の論文は一九七〇年代にたった三回しかほかの論文に引用されず、[2]地質時代の彗星衝突の可能性を検討した事例は、結局のところ一つも現われなかった。

n－1個の誤り

おり悪く一九七〇年代は、K／Pg境界で起こった絶滅についてじつにさまざまな仮説が提案された時代であり、地質学の発展に大きな影響を与えてきたハロルド・ユーリーの論文でさえ、見向きもされない状況であった。ルイスらの論文も当初は、一九六〇年代ですでに四六個もあった、乱立する恐竜絶滅説の一つと思われただろう。

一九七〇年代に『ネイチャー』や『サイエンス』に登場したK/Pg境界のおもな論文には、たとえば次のようなものがある。

一九七一年　デール・ラッセル「超新星爆発」（ネイチャー）
一九七二年　ピーター・ヴォグト「マントルプルームによる火山活動」（ネイチャー）
一九七三年　ハロルド・ユーリー「彗星衝突」（ネイチャー）
一九七八年　デューイ・マクリーン「二酸化炭素による温暖化」（サイエンス）
一九七八年　ハンス・ティーエルシュタイン「高緯度氷床の溶解」（ネイチャー）
一九七九年　ステファン・ガートナー「北極海水の大西洋への流入」（サイエンス）

サイエンス誌の編集長フィル・エイブルスンは、ルイスが論文を投稿した際、〝多くの絶滅説のうちn－1の論文はまちがっている〟と言い放った。[3] 恐竜の絶滅にはさまざまな説が登場しているが、結局のところ答えは一つしかない。n個の説から一つの正解を除くと、n－1個の誤りが残る。彼は『サイエンス』に論文が掲載されるたびに誤った説が世に出てしまう状況を嫌った。

しかしルイスらの天体衝突説がほかの多くの説と違っていたのは、世界各地のK/Pg境界のイリジウムを分析することで、少なくともイリジウム異常については検証可能という点であった。そしてその検証はすぐに行なわれた。

衝突説が発表された一九八〇年には、重要な論文が競うように三編発表された。最初の報告は、第2章で紹介したヤン・スミットと彼の共同研究者ヤン・ヘルトーヘンによる、スペインのカラバカのイリジウム異常だ。彼らの論文は、ルイスの論文が公表される三週間前、五月二二日号の『ネイチャー』に掲載された。[4] 発見の先取権からいうとスミットたちにその権利が与えられるのだが、彼はルイスらが先に天体衝突説を発見したことを認めており、これを主張することはなかった（第4章）。

ついでK／Pg境界のイリジウム異常を報告したのは、ベイカー化学薬品に勤めていたラマチャンドラン・ガナパシーである。彼もルイスと同様に、デンマークのスティーヴンス・クリントと呼ばれる地域の粘土層を分析した。ガナパシーの論文は一九八〇年の四月四日にサイエンス誌に投稿され、八月二二日号に掲載された。イリジウム検討のきっかけは、一九七九年五月の報道でルイスらの研究を知ったことであった。

ガナパシーに続いてイリジウム異常を報告したのは、カリフォルニア大学ロサンゼルス校のフランク・カイトの研究グループで、一九八〇年の一二月に『ネイチャー』に公表された。彼はスティーヴンス・クリントのサンプルに加えて、太平洋の深海コア試料（円筒形に掘り出された海底の地層）でも異常を発見した。

こうして半年の間に、イリジウム異常のデータが四つも報告された。おそらくイリジウムは、世界中のK／Pg境界から発見されるだろう。そしてルイスの天体衝突説は、いずれn－1個の誤りから抜けだし、唯一の答えとなるだろう。

しかし、ここで一人の研究者に注目しておきたい。このあと世界中で巻き起こる議論の結果を待たずとも、たったいま名前を挙げたある人物により、天体衝突仮説は〝すでに証明されていた〟のだ。

真の手柄

私は、ある研究者のことが以前から気になっていた。私が進む研究の先には、かならず彼の論文がある。K／Pg境界の天体衝突説を〝証明した〟男。ラマチャンドラン・ガナパシーとは、いったいどんな人物だろうか。

彼がなしてきた発見の数々とは不釣り合いに、ラマチャンドラン・ガナパシーという人物についての情報は少ない。インターネット上には、二〇一一年に撮影された彼の写真がある。丸みのある顔、浅黒い肌、彫りの深い目と鷲鼻の特徴は、南アジア系であることを思わせる。小さな手には、よく研磨された隕石が握られている。彼は隕石の研究者なのだ。

シカゴ大学エンリコ・フェルミ研究所にいたラマチャンドラン・ガナパシーは、「放射化学的中性子放射化分析」（RNAA）という、舌を噛みそうになる名前の分析手法の技術で、世界トップクラスの研究者であった。RNAAは、ルイスらがイリジウムの分析に用いた中性子放射化分析（NAA）に、化学的な元素の分離・精製を加えた手法である。より多くの目的元素を分析でき、かつ分析値の確度もNAAに比べると高い。一方で、非常に高度な化学的実験技術を要するため、容易に行なえる手法ではない。

ガナパシーはこの分析手法を駆使し、アポロ計画で持ち帰られた月の岩石や、隕石、宇宙塵を対象とした研究成果を、エンリコ・フェルミ研究所で次々と打ち立てていった。「コズミック・スフェルール」と呼ばれる球状の物質が宇宙塵からも見つかることを、最初に証明したのも彼である。この研究によって宇宙塵にはイリジウムが多く含まれていることがわかった。その後、イリジウムを利用して地層の堆積にかかった時間を割り出す手法が、同研究グループにより提案された[5]。ルイスも、ガナパシーが行なった宇宙塵とイリジウムにかんする研究を知っており、K／Pg粘土層の堆積速度の決定に、これを利用することを思いついたに違いない。

エンリコ・フェルミ研究所でのガナパシーの研究成果は非常に優れたものであったが、一九七〇年代の後半に、なぜか「ベイカー化学薬品」で勤務することになる。このあたりの経緯については不明だが、彼はこの民間企業に勤務しながら天体衝突の研究を続けた。

前述のように、一九八〇年にはデンマークのK／Pg境界の研究を行ない、翌年の一九八一年にも三五〇〇万年前の天体衝突の証拠を見いだしている。ルイスのグループも三五〇〇万年前の地層からイリジウム異常を報告したが、ガナパシーの論文はこれより早かった。また一九八三年には、シベリアのツングースカ・イベント（第4章）にかんする論文を発表し、爆発した天体のサイズを一六〇メートルと決定した。

このように優れた経歴をもつガナパシーであるが、ウォルターの著書には〝ガナパシーの発見〟について、かなり控えめに書かれているだけだ[6]。

ほとんど同じ時期に、K－T境界のイリジウム異常層に関する証拠資料が加わった。スミットとヘルトヘンがカラバカのイリジウム異常を報告し、UCLAのフランク・カイト、シュウ・チミン、ジョン・ワッソンのチームがステヴンス・クリントの異常を確認し、新たに太平洋の深海コアでも異常値が発見された。またベイカー化学薬品に勤めるR・ガナパシーもステヴンス・クリントの異常を確認した。

つまりガナパシーはこの本で、ルイスらが発見したイリジウム異常を〝追認〟した人物として紹介されている。しかし、私にはこれだけは断言できる——最初に天体衝突のたしかな証拠をつかんだのは、ガナパシーである。

白金族元素の証拠

私はここまで、イリジウム異常という言葉を幾度となく使ってきた。しかしこれは、天体衝突説の科学的な証拠としては強固なものではない。〝イリジウムだけの濃集〟であれば、地球上のプロセス、たとえば火山活動などでも説明が可能なのだ。

一九八三年の一月に噴火したハワイのキラウエア火山から、高濃度のイリジウムを含む噴出物が確認された。[7] これを報告したメリーランド大学のウィリアム・ゾラーは、噴出物に含まれる金とイリジウムの比率が隕石とは大きくかけ離れているために、K/Pg境界のイリジウム異常を火山説で説明するにはさらなる検討が必要と明言していた。しかし衝突説の反対論者にとっては、イリジウムが見つかったことだけが重要であった。キラウエアでの発見は、天体衝突説に対する反証として、ながらく議論の拠り所とされることになる。

原子番号	元素名	元素記号	原子量	おもな用途
44	ルテニウム	Ru	101.07	ハードディスクの容量増大、電子顕微鏡の着色剤
45	ロジウム	Rh	102.91	光学機器や装飾品の表面メッキ、電気設定材料
46	パラジウム	Pd	106.42	アセトアルデヒドの合成、排ガスを浄化する触媒
76	オスミウム	Os	190.23	有機合成の酸化剤、生物組織の顕微鏡観察の固定剤
77	イリジウム	Ir	192.22	メートル原器（合金）、エンジンの点火プラグ
78	白金	Pt	195.08	装飾品、キログラム原器、抗がん剤（シスプラチン）

図12　白金族元素

このような事例があるために、〝イリジウムの分析だけ〟では天体衝突に直接結びつけることは困難である。ではどうするか。それを証明するためには、「白金族元素」と呼ばれる六つの元素（ルテニウム、ロジウム、パラジウム、オスミウム、イリジウム、白金）のすべてを調べる必要がある。

白金族元素は「鉄の恋人たち」と呼ばれる親鉄元素のなかでもとりわけ強く鉄と結びつきやすい元素なので、地球全体でみると鉄を主成分とする中心核に極端に濃集している。逆に、地球表層の岩石にはほとんど含まれない。一方、落下隕石の九割を占める「コンドライト隕石」には、地表表層の岩石の数千倍から二万倍ほどの濃度で白金族の六元素が含まれる。そのためコンドライト隕石が衝突すると、地球全体に撒き散らされた〝超高濃度〟の白金族元素が地上に降り積もり、薄いヴェールのように地表面を包み込む。

こうして、巨大隕石の衝突が起こった時代には、世界中どこであれ地層中に白金族元素を豊富に含む層が形成されることになる。

この理論にしたがうと、イリジウム以外の白金族元素も高い濃度でK／Pg境界の粘土層に含まれるはずである。そしてそれは当時、ガナパシーが得意とするＲＮＡＡという分析法によってのみ検証可能であった。

ガナパシーはイリジウム以外の白金族元素であるオスミウム、白金、パラジウム、ルテニウムについても、粘土層に含まれる量を正確に調べた。そしてこれらすべてが、非常に高い濃度で粘土層に含まれていることを発見した[8]。

次に彼は、粘土層に含まれるイリジウム、オスミウム、パラジウムの割合が、「一〇：九：一〇」であることをあきらかにした。そして、これが天体衝突説の〝決定的証拠〟となった。炭素質コンドライトと呼ばれる隕石も、これらをほぼ同じ割合「一〇：九：九」で含むのである。

地球上の岩石では、これら三つの白金族元素を同じ割合で含むことはまずありえない。たとえば、白金族元素を比較的多く含む「洪水玄武岩（げんぶがん）」でさえ「一：九：二七」と、まったく異なる割合をとる。地球の誕生直後、元素や物質は異なる深さに移動（分化作用）して白金族元素は中心核に濃集したが、その量は白金族元素の種類で異なる。そのため、地球上のどの場所であれ、コンドライト隕石と同じ割合をもつ岩石をつくることは不可能なのである。K／Pg境界の粘土層に、高濃度かつ同じ割合で白金族元素が含まれるためには、コンドライト隕石に近い組成の地球外物質に起源を求めるしかない。

このように、K／Pg境界の粘土層にコンドライト隕石起源、つまり天体起源の白金族元素が濃集していることは、一九八〇年のガナパシーの研究により決着していたのだ。しかし当時の地質学者や古生物学者は、ガナパシーの論文の内容と価値を正しく評価できていなかった。その結果、以後はルイスらが主張するイリジウム異常だけが槍玉にあげられ、「イリジウムの異常は火山でも説明できる」といった風変わりな主張が繰り広げられていくのである。

たった二つの問題

ルイスの説をもう一度振り返っておこう。

彼はK／Pg境界からイリジウムの異常濃集を発見した。そして、イリジウムは天体衝突によりもたらされたものと結論した。K／Pg境界では、恐竜のほかにも円石藻や浮遊性有孔虫など多くの生物の絶滅が知られている。これらの絶滅も、この天体衝突が原因と彼は考えた。ルイスの理論では、天体衝突が起こるとクレーターから放出された塵が太陽光をさえぎり、光合成生物の活動停止と生食連鎖の崩壊がもたらされるはずである。

このルイスの衝突理論は、どこまで正しいのだろうか。検証すべきことは、たった二つしかない。

①イリジウム異常は天体衝突の証拠になりうるのか？

②衝突の塵によって大量絶滅は起こるのか？

一つめの問題については、ガナパシーの研究によりほぼ決着がついたと私は述べた。しかしじつは、これにには抜け道があった。一九八一年二月の『サイエンス』で、コロンビア大学ラモント・ドハティ研究所の地質学者デニス・ケントは、ルイスらの天体衝突理論の弱点を鋭く突いた[9]。

彼はまず、イリジウム濃集が深海の堆積プロセスで説明できることを指摘した。陸域から遠く離れた深海では、有孔虫などの死骸がゆっくりと降り積もって石灰岩が形成される。このような場所で堆積した石灰岩は、宇宙塵に由来する濃度〇・三ｐｐｂ程度のイリジウムを含むことが、ガナパシーらの研究から知られていた。石灰岩の九〇パーセントを占める炭酸カルシウムの成分がすべて溶けた場合、残りの一〇パーセントにイリジウムが濃集し、三ppb程度まで上昇することが考えられる。K/Pg境界は炭酸カルシウムをあまり含まない粘土層なので、このようなしくみでイリジウム異常ができたのではないかとケントは考えた。

彼はもう一つ、深海に特有の堆積プロセスからも疑問を提示した。深海では、底掃流と呼ばれる毎秒数センチから数十センチの比較的速い流れが存在する。宇宙塵はほかの鉱物に比べて重いので、この流れに逆らって残り、その結果イリジウムの異常濃集ができることがあるのではないか、という疑問である。

おそらく、ルイスの論文に掲載されたデータからは、これらの指摘に反論するのは難しいだろう。しかしルイス陣営は、新たなカードを手中に収めていた。

「まだ未公表であるが」とことわったうえで、モンタナ州のヘルクリーク層からもイリジウム異常が見つかっていることをルイスは明かしたのだ。ヘルクリークという〝陸上で堆積した地層〟からも異常が見つかったとあれば、炭酸カルシウムの溶解によりイリジウムが濃集したとか、底掃流により宇宙塵が掃き寄せられたなど、海洋に特有の現象ではないことを示せる。実際、一九八一年の暮れにロスアラモス国立研究所のカール・オースが、ヘルクリーク層の南方延長にあたる地層から異常を報告すると（第7章）、海洋の諸プロセスを考慮したデニス・ケントのアイディアは、ほぼ効力を失った。

もう一つの問題、「衝突の塵によって大量絶滅は起こるのか？」についても、ケントは疑問を投げかけた。それは、クラカトア噴火にまつわるものである。

図13　トバ火山の巨大噴火によるカルデラ

ケントは、いまから七万五〇〇〇年前に噴火したインドネシアのトバ火山の例を持ち出した。トバ火山の噴火はクラカトアよりはるかに規模が大きい。彼は、トバの噴火による火山物質の放出はルイスらが考えていた天体衝突による火山による塵の放出量に近い規模であると前置きしたうえで、この噴火では生物の絶滅イベントは知られていないと指摘した。したがってK／Pg境界の絶滅も、塵の放出による太陽光の遮断が原因ではないとケントは考えたのである。

これに対してルイスは、自身のグループは大気科学を専門にしていないのでよくわからないと、正直に答えている。[10] 彼は一九八〇年の時点で、塵が放出されると温暖化あるいは寒冷化が起こるという、正反対の二つの考えかたがあることをケントに説明した。実際、太陽からの熱エネルギーを塵が吸収するか遮断するかという問題は、難しい計算を要する。それもふまえてルイスは、もしさらに適切な説があれば、塵により太陽光が遮断されるとする説は棄却してもよいと回答している。

衝突理論にかんするこの議論は、その後の収拾がつかなくなる騒ぎとは対照的に、きわめて紳士的かつ科学的に行なわれた。事実ルイスは論文のなかで、この数か月にもらった多数の意見のなかでもっとも建設的だと書いている。[11] 一方で、自身の専門分野を侵略された〝普通の〟古生物学者や地質学者の拒絶反応は、ルイスの想定をはるかに超えるものであった。

拒絶と批判

「地球を丸ごと理解する学問」といえば聞こえはいいが、地質学者や古生物学者の視野は、じつはそれほど広くなく、専門は細分化されている。しかし自然の多様性を多少なりとも理解している彼らは、あらゆる地球上の現象に対してもっともらしい説明をする名人である。ルイスの実験物理学や宇宙化学の知識は、地質学者と古生物学者にとっては未知との遭遇であったが、それらをまったく知らずとも、彼らは即座に口上を述べることができた。ルイスの説に対する初期の反応は、たとえば次のようなものであった。[12]

・イリジウムの地球化学的性質はよくわかっておらず、グッビオのK/Pg境界粘土層に見られるイリジウム異常の解釈を正当化できる保証はない。
・粘土層に含まれる豊富なイリジウムは、生物起源ということもありうる。現に多くの生物は、ある種の元素を体内で濃縮する。アルヴァレスらの論文は、その可能性にいっさい触れていない。
・K/Pg境界に近い岩石だけで、イリジウムの分析がなされている。地層全体で分析されるまで、イリジウムの異常値が〝異常な〟ことなのかどうかわからない。
・もし直径一〇キロメートルの隕石が地球に衝突したというなら、そのクレーターが見つからないのはどういうわけか？

このような疑いが、世界中の地質学、古生物学の研究室で飛び交った。

先陣を切って公に意思表示をしたのは、ヴァージニア工科大学のデューイ・マクリーンである。[13]彼はルイスの論文に先立って発表されたスミットの研究にターゲットを絞り、スミットは多くのK／Pg境界で「ハイエタス」が報告されていることを考慮に入れていない。ハイエタスは、スミットが示したような見せかけの絶滅（イリュージョン）となりえる、とこき下ろした。

ハイエタスとは、ある時代の地層が何らかの理由で欠損して不連続になっていること。海底侵食などで地層が欠損すると、それまで生存していた生物が突然絶滅したかのような地質記録になる。スミットはこのマジック・ショーにだまされている、とマクリーンはいうのである。

さらに、スミットは海洋温暖化についても検討していない。炭酸カルシウムをつくるプランクトンだけが絶滅する原因についてさえ説明できていないとして、論文の主旨とはおよそ無関係のことも批判した。そして最後に、これらを説明できるのは海洋酸性化であると、したたかに自説をもち上げた。

これにはスミットも腹を立てた。彼はマクリーンに対する返答論文の冒頭で、マクリーンはK／Pg境界で起こった温暖化の理解に混乱をきたしており、天体衝突イベントの証拠であるイリジウム異常について考えたこともないようだと反論した。[14]また、K／Pg境界で世界的にハイエタスが見られるのなら、なぜマクリーンが絶滅とは無関係とした渦鞭毛藻類（海洋プランクトンの一種）はイリュージョンを示さないのか、と批判した。

通常、「コメント・アンド・リプライ」と呼ばれるこの種の論文のやり取りでは、一応の礼節として「興味深い論文だった」「参考になるコメントをありがとう」などの讃詞が述べられるものだ。しかし、両者の論文にはそれがいっさいなかった。この件を境に、スミットとマクリーンの関係が悪化したことは想像に難くない。

次に疑いをかけたのは、ウォルター・アルヴァレスの学部時代の親友で、スミソニアン博物館に勤める古生物学者レオ・ヒッキーである。彼は一九八〇年一二月の『サイエンス』で「古生物学者と大陸移動」と題した警告をルイスらに与えた。[15]

> ウェゲナーは、古生物学的なデータを、かつて南米大陸とアフリカ大陸が接合していた可能性を示す証拠として取り上げた。（中略）このときは、地殻の剛性や大陸移動の原動力が十分に説明できていないとする理由から、地球物理学者により彼の説は葬り去られた。
> 今回の天体衝突絶滅説で、私を含む古生物学者は、衝突が起こったかどうかではなく、高熱で物質が蒸発した塵で太陽光が遮断されたというシナリオに異議を唱えているのだ。

じつに遠回しな言いかたをした宣戦布告である。このときヒッキーは、ルイスの衝突理論の論理的欠陥を見いだすことにターゲットを絞っていた。いくらノーベル賞受賞者とはいえ、専門外であるルイスは大量絶滅を論じる立場にはないと彼は考えていたのだろう。

翌年の一九八一年には、三人の著名な古生物学者による衝突理論への反論が、古生物学の一流科学誌『パレオバイオロジー』に掲載された。その面々は、カリフォルニア大学バークレー校のウィリアム・クレメンス、イエール大学のデイヴィッド・アーチバルド、そして先のレオ・ヒッキーである。

彼らは執拗に衝突理論を批判した。[16]

古生物学のデータからは、超新星の出現、小惑星の衝突、そのほかの異常事態が起こった可能性を否定することはできない。（中略）しかし解析された古生物学データは、白亜紀から第三紀への生物の変化の説明にそのような出来事を必要としているわけではない。また、地球の歴史のいかなる時代にも、地球外物体の衝突と進化や絶滅のパターンの大規模な変化とを、決定的に結びつける証拠はない。

これはもはや議論というより、斉一説の布教活動のようだ。ルイスは、彼の衝突理論を攻撃するこのような論文を読んで、怒りで顔を紅潮させることもあったという。[17]

前提を揺るがす報告

世界中の地質学・古生物学教室から否定的な意見が噴出するなか、ルイスにとってさらに厄介な論文の存在が公になった。彼の衝突理論が発表される一年前、イタリア・パルマ大学発行のマイナーな自然科学系雑誌に、「スカリア・ロッサ石灰岩はタービダイトにより堆積した」とする論文が掲載されていたことがわかったのだ。[18] 論文の著者は、グッビオに近いウルビノという町にある、ウルビノ大学の地質学者フォリゼ・カルロ・ウェゼルである。

タービダイトとは、地層の堆積する海底に向かって、相対的に浅い場所から砂や泥の粒子が流れ込んでくる現象のことである。スカリア・ロッサの石灰岩がタービダイトにより形成されたのであれば、これはルイスの説にとって致命的である。

もしこれが事実なら、K／Pg境界の浮遊性有孔虫も、イリジウムも、どこか遠い場所からタービダイトにより流されてきたと解釈される。有孔虫化石が示す年代もでたらめで、K／Pg境界の場所自体もほとんど信用できない可能性もある。実際にウェゼルは、スカリア・ロッサの石灰岩が堆積した六六〇〇万年前よりはるかに新しい中新世と呼ばれる時代（二〇〇〇万～五〇〇〇万年前）の有孔虫が、同石灰岩から見つかったと報告している。

この論文は、ヤン・スミットによる一九八〇年のネイチャー論文と同じ号で、コペンハーゲン大学の地質学者フィン・スワリにより紹介された。スワリは次のように述べている。[19]

ウェゼルが最近発表したグッビオの研究論文は、激変説支持者たちの熱気を衰えさせることになるだろう。（中略）イリジウムとオスミウムの含有量が異常に高いというグッビオの特性には今後、説明が求められることになる。（中略）白亜紀末の絶滅イベントについては、われわれはどうやらスタート地点に戻されたようだ。

それ見たことかと、激変説に拒絶反応を示していた地質学者たちはほくそえんだ。「そもそもグッビオにはK／Pg境界すらなかったんだって？」。そうした噂はたちまち広まった。

これにはさすがのウォルター・アルヴァレスも黙ってはいなかった。彼は一九八一年の新年早々、ウェゼルとスワリの論文に対する反論を『ネイチャー』に送りつけた[20]。

その中身を要約すると、「ウェゼルが報告した中新世の有孔虫は、スカリア・ロッサ石灰岩にへばりついた土壌から混入したものである。したがって彼がスカリア・ロッサ石灰岩の年代を中新世とし、そのほか白亜紀など古い年代の有孔虫をタービダイトによる混入とみなした解釈は、根本的にまちがいである」。

さらにウォルターは、ウェゼルが論文中で示した有孔虫の種名がまちがっていることも指摘した。一方のウェゼルも「中新世の有孔虫がスカリア・ロッサから見つかるという問題は指摘したが、それが即座にスカリア・ロッサの年代が中新世にあたることになるとは言っていない。ウォルターは私の論文を誤って解釈している」と返答し、次のように反撃することも忘れなかった[21]。

彼らは、イリジウム異常はほかのどの時代からも、どの遠洋性堆積物（陸から遠く離れた場所の堆積物）からも報告されていないと述べている。そのような〝イリジウム異常〟は、あらゆる地層から数多くの分析がなされなければ信用性がないはずだ。しかし残念なことに、激変論者はかたくなに、例の不可思議なK－T境界の粘土層にばかり注目している。六五〇〇万年前の激変イベントは、想像上の、証明されていない仮説として考えなければならない。

この返答にはウォルターも腹を立てたに違いないが、ウェゼルと同様にほとんどの地質学者や古生物学者は、ルイスの衝突理論に懐疑的であった。ルイスのグループは、まさしく四面楚歌の状態に陥っていた。

古生物学者は認めない

ここに興味深い調査結果がある。欧米の古生物学者、約四〇〇名を対象にして、一九八四年の夏に大規模なアンケート調査が行なわれた。[22] その結果は次のようなものである。

①K／Pg境界の大量絶滅は天体衝突で引き起こされた……一三パーセント
②K／Pg境界で天体衝突はあったが大量絶滅の原因ではない……三二パーセント
③K／Pg境界で天体衝突は起こっていない……二一パーセント
④K／Pg境界で大量絶滅は起こっていない……一二パーセント
⑤答えられない、もしくは天体衝突も大量絶滅も起こっていない……二二パーセント

驚いたことに、一九八四年時点においても、八七パーセントの古生物学者が「天体衝突による大量絶滅」を支持していなかったのである。

おそらくルイスの天体衝突理論が発表された直後は、ほとんどすべての古生物学者が反対を表明していたのではないのだろうか。これまでは、粘り強く反対意見の手紙や論文に応じてきたルイスも、ついに我慢の限界に達した。ルイスの弟子であり、バークレー校の同僚でもあった物理学者リチャード・ミュラーは、このときの様子を次のように綴っている。[23]

あるときルイスは、大量絶滅を論議する古生物学者たちの会議に出席したが、その席でだれひとり「イリジウム」という言葉を使おうとさえしないのを知って、ショックを受けた。そして、彼らはイリジウムを話題にする勇気がないのだときめつけた。

もはや黙ってはいられない。ルイスは、予定されているオタワの会議へ向けて考えをめぐらせた――まずは、あの小賢しくて口うるさい男をなんとかしなければ。

第6章

謀略

オタワ――一九八一年五月

ルイスによる天体衝突理論の登場で、評価が一八〇度反転した古生物学者がいる。一九七二年に超新星爆発によるK／Pg境界大量絶滅説を提唱していた、デール・ラッセルである。だが当時は、検証不可能なこの説をまともに取り上げる研究者はいなかった。

ところがルイスらの天体衝突理論が登場すると、ラッセルを取り巻く状況は一変した。彼は激変論者のなかでも、脊椎動物化石を専門とするキーパーソンであった。衝突理論の妥当性を認めたラッセルは、これこそが恐竜絶滅を導いた原因と考えてルイスに接近した。

そんな彼が一九八一年の五月、K／Pg境界の研究者二十数名とジャーナリストのパット・オレンドルフを招待して、彼が所属するカナダ国立自然科学博物館で「白亜紀／古第三紀境界の環境変動にかんする国際会議」、通称「K‐TEC2会議」を開催した。

会議のメンバーには、この時代の地球科学を代表する錚々（そうそう）たる顔ぶれが揃っている。ルイス・アルヴァレス、ウォルター・アルヴァレス、フランク・アサロ、ヘレン・マイケルは、この会議のハイライトである天体衝突説についての発表を予定していた。そのほか、オランダの地質学者ヤン・スミット、カリフォルニア大学ロサンゼルス校の若手地球化学者フランク・カイト、スイス・チューリッヒ工科大学の古海洋学者ケニス・シューなど、衝突理論支持者の代表格が参加している。

ここになぜか、ルイスの衝突理論に反対しているヴァージニア工科大学のデューイ・マクリーンも招待されていた。これは奇妙なことに思われた。マクリーン以外に、反対論者は誰一人としていなかったからである。


一九八一年五月一九日。前日まで季節外れの寒さだったオタワの街が、当日は穏やかな陽気に包まれていた。いたるところでチューリップが咲き誇り、市民は色とりどりの花々を楽しんでいた。夏はもうすぐそこまで来ている。そのかたわら、自然科学博物館の一室では、世界各国から集結した研究者たちが顔を合わせ、K－TEC2会議が始まろうとしていた。

K-TEC2会議

いま、私の手元には、日本の国立科学博物館から取り寄せたK－TEC2会議の議事録がある。[1]
一五〇ページにおよぶ議事進行を読みながら、私は当時の会議の様子を思い描いてみた。

＊

K－TEC2会議は、フランク・アサロによる化学分析結果の報告から始まった。アサロはスクリーンに投影されたグラフを指差した。

「イリジウムは最初にイタリアで見つかり、地球外起源と確認されました。現在、世界一八か所で発見されています。この図を見てください。K／Pg境界の金、白金、ニッケルをイリジウムで割った値です。こちらは炭素質コンドライト。両者はよく一致します」

ラマチャンドラン・ガナパシーが、K／Pg境界の粘土層に含まれるイリジウムなどの割合が炭素質コンドライト隕石とほぼ同じ割合であることを示したあと、会議が開かれた一九八一年までに、すべての白金族元素が高い濃度でK／Pg境界層に含まれていることがわかっていた。

「ちょっといいかな。炭素質コンドライトの測定誤差、そんなに大きい？　コンドライトって、それほど大きくならないでしょう？」

不意に一人の若者が質問した。フランク・カイトである。

「K／Pgの分析技術が隕石に適していないのかもしれません。それから、スティーヴンス・クリントのニッケル含有量。研究室によってずいぶん異なりますよね。これも問題です」

「そう、問題がありますね。それに、白金の放射化学分析の値も。これはなおさら測定が難しい」

ふだんはライバルである研究者と顔を合わせた議論に、フランク・カイトは上機嫌と見える。


ここでルイス・アルヴァレスが二人の会話をさえぎり、図を差した。そして、それほど多くはない二十数名の参加者を見わたしてこう発言した。

「いまわれわれの友人たちが示したように、多くの者が衝突説を認めている。研究室間で分析誤差はあるにせよ、六五〇〇万年前にコンドライト隕石が衝突したのはまちがいない事実だ」

ルイスはさっそく会議の核心に触れた（衝突の年代は二〇〇八年に六六〇〇万年前と修正された）。聴衆の鼓動が静かに高鳴った。自分たちの手で新しい時代をつくり、「激変説」をサイエンスに昇華させる。それほど広くはない会場の空気は、ゆっくりと温度を上げていった。

図14　K-TEC2会議の出席者（後列左から5人目デューイ・マクリーン／後列右から2人目ヤン・スミット、3人目ウォルター・アルヴァレス、5人目ルイス・アルヴァレス／前列左端がフランク・アサロ、3人目ケニス・シュー、4人目フランク・カイト、5人目ヘレン・マイケル）

ただ一人、衝突説に反対のデューイ・マクリーンだけは、じっと黙座して会議の進行を傍観していた。マクリーンには、この会議で発表するとっておきの発見があった。インドのデカン高原に広がる洪水玄武岩の火山活動が、K／Pg境界とほとんど同じ時期に起こったことがわかったのだ。

デカン・トラップとも呼ばれるこの玄武岩は、少なくとも八〇万平方キロメートルの面積に広がっており、地球史のなかでも一〇本の指に入るほどの大規模な噴出量を誇る（第7章）。天体衝突の可能性についてはマクリーン自身も一九七〇年に検討ずみであり、彼にはこれを論破する自信があった。そのかわりに自身の新しい〝火山説〟を広めるチャンスでもある。

腹案の火山噴火説

次にスクリーンに映し出されたのは、イリジウム異常の報告された場所を示した世界地図である。

深海堆積物のスペシャリストであるケニス・シューは、北太平洋にイリジウム異常濃集があることに気がついた。彼はまた、北太平洋だけでなく世界中のイリジウム異常の数値にばらつきがあることに疑問を投げかけた。さまざまな意見が出されたが、誰もうまく説明できず、結局「元素濃集の程度は、粘土層から溶け出てしまった物質の量を考慮にいれる必要がある」という意見に議論は落ち着きつつあった。


そのとき突然、それまで沈黙を貫いてきたマクリーンが声を上げた。

「火山噴火に由来するスメクタイトという鉱物が、粘土層の候補にあげられます。歴史上、火山活動が引き起こした大量絶滅は何度もありました」

唐突な発言に、会場が一瞬静止した。マクリーンは矢継ぎ早に話を進めた。

「K／Pg境界について説明しましょう。この時代、つまり六五〇〇万から六〇〇〇万年前、インドのデカン・トラップで玄武岩の噴出が起こったことが最近わかりました。デカン・トラップ起源のスメクタイト、これが粘土層の起源ということはありませんか？」

マクリーンは会場に疑問を投げかけた。しかし、あまりに突飛な内容の彼の質問に、全員があっけにとられた。参加者の一人が「玄武岩は爆発的な噴火をしないから、世界中に火山起源のスメクタイトがまき散らされることはありえない」と指摘したが、マクリーンは意に介さず、海洋循環流で世界中に火山物質を運ぶことができるというアイディアを披露した。

「しかしあなた、火山活動は数百万年も続いたんですよね。なのに、あなたの言うスメクタイトの層とやらは、たった数ミリにもみたない。これはいったいどういうわけですか？」

海洋の専門家であるケニス・シューが、ありえないとばかりに反論した。いかにゆっくりと堆積したとしても、数百万年もあれば一メートルを超える地層が形成されるはずだ。マクリーンはにやりと笑みを浮かべ、ひと呼吸おいて声を張り上げた。

「あなたのいまの質問、それこそが重要なのです！　粘土層の堆積にはいったいどれくらいの時間がかかったのですか？　すごく短かかった？　それとも、私が考えるように海水面の変動で侵食されているだけで、本当はすごく長い時間がかかっているのですか？」

K／Pg境界の「地層侵食」は、マクリーンが最近気にいっている説である。この説は、去年ヤン・スミットの論文への批判でも取りあげられた。

不毛な論戦

ここでウォルター・アルヴァレスが、静かに議論に入ってきた。

「古地磁気の研究では、イタリアの大量絶滅は逆磁極期、デカンはその少し前の正磁極期に起こっていますよね。粘土層とデカンの間には時間のギャップがありますよ」

マクリーンが応戦する。

「そうすると、絶滅は火山活動の前半で起こったんでしょう。ところでみなさん、もう一度聞きますが、スメクタイトが火山物質といえるような証拠を、どなたかお持ちではないですか」

もはやなにを言っても火山活動一本で行くと見える。フランク・アサロが「火山活動で放出されたマントル由来の物質だと考えるには、イリジウムに対する白金の割合が少なすぎる」と異論を唱えたが、マクリーンはまったく反応せず、彼の独自の理論をぶち上げた。

「いいですか。デカンの玄武岩はマントルプルームと呼ばれる、マントルと中心核の境界近くから上昇してきた物質でできているのです。つまり、マントルより白金族元素に富む中心核の物質を含んでいるのですよ」

たしかに、地球中心核の物質がマントル物質と混ざることなく直接地表に到達するようなことがあれば、K／Pg境界に見られるイリジウムに対する白金の割合は説明できる。

「いやいや、核から物質が上昇したとして、途中でイリジウムが鉱物中に取り込まれるでしょう。だからあなたの説では（たとえ中心核から物質がもたらされたとしても）、イリジウムに対する白金の割合が高くなるわけ」

地球化学者のフランク・カイトが、半ばあきれ顔で説明した。この話題は会議の前半で十分に話し合われていたため、もはや会場の誰もが理解していることだった。

「では白金族は、海水中で移動しないのですか？　現にいくつかの白金族は、酸性溶液中に溶脱するではないですか」

またしても地質学者にありがちな屁理屈をマクリーンが持ち出した。

同じ地質学者であるヤン・スミットは、これまでのマクリーンの言動に沈黙していた。おそらく、言いたいことはあったが話したくもなかったのだろう。マクリーンには、前年の論文でひどい内容を書き立てられたばかりだ。しかし、もはやスミットも黙っていられなかった。

「だから、そのような反応は白金族の濃度比を余計バラバラにするじゃないですか。ガナパシーの研究で、白金族元素の濃度比はコンドライトと一致しているでしょう」

「原始地球もコンドライトから作られたのに、どうしてそれらの濃度比を残した部分が現在の地球に存在しないと、あなたは言い切れるのですか？」

もはや吹っ切れたとしか表現しようのない、強引な論理をマクリーンは持ち出してきた。参加者は会議の前半で、すでにうんざりしていた。

マクリーンの挑発

その後も彼は、天体衝突説で盛り上がる議論にしばしば水を差した。たとえば海洋学者のケニス・シューが、これまでイリジウム異常が報告された粘土層では堆積物の侵食が見られないことをていねいに説明しても、「デンマークの例があります。一九七九年に不整合（堆積物の侵食面）が報告されていますよ」と、マクリーンは事前に調べておいた反証を示した。

彼はこの会議に備えて、反論に使えるあらゆる論文を調べ上げてきたのだろう。さらに「K／Pg衝突を引き起こしたクレーターはどこにあるのです？」などと、衝突説論者がもっとも嫌う質問を浴びせ、挑発したりもした。マクリーンの存在そのものを、参加者全員が不愉快に感じていた。しかしルイス・アルヴァレスは、なぜかマクリーンの発言にはまったく無反応であった。

会議も後半に差しかかろうというとき、ルイスはいったん議論を取りまとめようと、参加者全員に意見を求めた。「天体衝突説をより完全なものにするため、今後どのような研究が必要か。みなさんの意見を聞きたい」。

真っ先に発言したのは、またしてもマクリーンだった。彼は真剣な顔で聴衆へ視線を移し、ゆっくりと話しはじめた。

「私たちは代替案にも耳を貸すべきです。一つの説にこだわるべきではありません。もしK／Pg境界が侵食作用で削り取られていたら、突発的絶滅に見せかけたイリュージョンを見ているだけなのです」

彼は話を続けようとしたが、〝イリュージョン〟という言葉にヤン・スミットが反応した。

「あなたは、有孔虫は突然絶滅したが、渦鞭毛藻類はそうではないという。だったら、侵食で化石記録が抜けていることにはならないでしょう」

「いえいえ、渦鞭毛藻類は有機物の殻をもっているので、溶解作用には強いのですよ」

マクリーンは、やれやれといった面持ちでスミットの論文に対する批判と同じ主張を繰り返したが、スミットはこの議論をこれ以上続けたくなかったので、この場ではもういいとばかりに引き下がった。

我慢の限界

その後はしばらく平穏に、天体衝突説の補強に今後どのような研究を進めるべきか、各研究者が意見を述べた。

古生物学者デール・ラッセルは化石記録について解説し、海洋学者ケニス・シューは堆積物からの炭素同位体分析の必要性について説明した。ここでもマクリーンは、火山ガスに含まれる二酸化炭素の炭素同位体について自説を述べたりしたが、もはや誰も彼と議論しようとはしなかった。

「小さい塵だったら光は透過するでしょう？」
「インド洋では一〇〇〇万年にもおよぶ地層の欠損があるじゃないですか」
「火山ガスによる海洋の酸性化、これが炭酸カルシウムをもつ生物を絶滅へと導いたのです」
「白亜紀末は大規模な海水準の低下で、地層が削り取られているのですよ」

天体衝突による絶滅の議論では、マクリーンが頻繁に口をはさんできた。しつこく「K／Pg境界では ハイエタス（地層の欠損）がある」と主張するマクリーンに、ケニス・シューは怒りを覚えた。ついさきほど、欠損はないという結果を彼が説明したばかりだ。シューは強い口調になった。

「たった一〇日間、地層が堆積しなかっただけで、あなたはハイエタスというのですか？　それに粘土層の堆積にかかった時間が二〇〇万年を超えるなんてありえない！」
「そう、それこそ火山活動の証拠じゃないですか」

自信たっぷりに答えるマクリーン。これにはシューも我慢の限界を超えた。

「いったいどこにデカンと粘土層を結びつける証拠があるのだ！　この話題はもうとっくに決着がついた。デカンを裏づける新しいデータがないかぎり、この話題をこれ以上続けても無意味だ！」

シューの怒りは収まらない。

「二酸化炭素の放出？　いったいどれだけの二酸化炭素がデカンから放出されたというのだ？　当時の大気に含まれる量に対して、どれくらいの量だったのだ？　現代の地球科学は一九世紀とは違うんだ。定量的な議論が求められているのは知ってるだろう。それができないなら、話題にするべきではない！」

シューの剣幕に会場が一瞬、凍りついた。


そして、ここにきてようやく、ルイス・アルヴァレスがマクリーンに問いかけはじめた。

「二つのグループが、Ｋ／Pg〔のイリジウム〕は地球外起源だと主張している。一つは私たちの、もう一つはガナパシーやアサロの研究だ。私がマクリーン博士に聞きたいのは、いったいどういう理由で、これらの主張が妥当ではないと考えているかだ」

穏やかな口調だが、あきらかに威圧感を漂わせている。マクリーンは冷静を装ってこう答えた。

「私はＫ／Pgで起こった出来事を、広い地球の視野からとらえたいのです。恐竜の絶滅も、マントルから湧き起こるプルームにより引き起こされたと見ることができるはずです」

「しかし粘土層のデータは、火山起源でないことをはっきり示しているだろう。どうしてこれを正しくないとみなすのか？」

「地球上での親鉄元素の挙動はいまだ未解明です。その一方で、デカン火山活動は実在する。火山活動が繰り返し起こる〝マルチ・マントルプルーム・メカニズム〟を取り入れれば、イリジウム異常も説明できるはず。これが私の、天体衝突説に対する代替案です」

マクリーンは、きっぱり言い切った。これにはルイスも、それまで腹の奥に抑え込んでいた怒りをどうにも抑えることができなくなっていた――この男はいったい、いままでの議論のなにを聞いていたのか！

「どうして、これまで観測事実のないそのメカニズムとやらを考慮することができるのだ？　どこにそんな情報があるのだ？　それがどうやってイリジウム異常をつくりだすのだ？」

ルイスは矢継ぎ早に質問した。マクリーンはルイスの静かな迫力に一瞬ひるんだが、精いっぱいの声でこう答えた。

「私には天体衝突が起こったかどうかなんて言うことはできない。私の役割は絶滅の原因を検証すること。そして、火山活動と気候変動について検証すること。私にとって白金族元素の存在は、枝葉の問題なのです」

彼は本当に何気なく、白金族元素を〝枝葉の問題〟と片づけたのだろう。しかしこの発言は、イリジウムを発見し、それがなにを意味するかに心血を注いできたルイスにとって、最高の侮辱であった。彼は目を鷲のように見開いてマクリーンを凝視した。

地球上でもっとも孤立した科学者

K－TEC2会議の世話人であるデール・ラッセルが、議論の休憩を告げた。参加者たちは、コーヒーブレイクのために会議室をあとにしようとしていた。マクリーンは不意に、ルイスに呼び止められた。

「デューイ、ちょっといいかな」

誰もいなくなった会議室の隅で、二人は話しはじめた[2]。

「君はわれわれの衝突説に、公に反対するつもりか？」

「アルヴァレス博士。私は長いことK／Pg境界の研究に携わってきました。あなたが天体衝突説を発表される二年前に、私は温室効果説を発表しているのです」

マクリーンはこう返答したが、ルイスは語気を強めてこう言った。

「警告として言っておく。ビューフォード・プライス〔バークレー校の物理学者〕も、かつて私にたてついた一人だ。だが私が彼の息の根を止めたあとは、誰も彼のことなど気にとめなくなったよ」

怒気をはらんだ声とともに、彼はマクリーンをにらみつけた。しかしマクリーンは引き下がらなかった。

「アルヴァレス博士、私は温室効果が絶滅を引き起こす可能性を示しました。いま人類は温室効果の危機に直面しています。この研究を続ける義務があるのです」

マクリーンはこれからも自らの説を貫き通すつもりだ。彼にとって天体衝突理論は、K／Pg境界の絶滅の説明にはなりえなかった。なぜなら、それは禁断の考えだからだ。多くの地質学者や古生物学者と同じく、彼には「斉一説」だけが唯一絶対の原理なのだ。

「いいか、警告したからな」

ルイスはそう言い残すと、足早にほかの研究者たちの輪に向かっていった。マクリーンは一人、誰もいなくなった会議室に残された。


その日の午後、マクリーンは、今度はルイスの息子ウォルターに呼び止められた。

「デューイ、数えてみてください。あなたを除く参加者の全員が、衝突理論に賛成している。あなたはたった一人なのです」

唐突に話しかけてきたウォルターはさらに、穏やかではあるが不気味な警告を与えてきた。

「反対を続けていくなら、この地球上でもっとも孤立した科学者として、キャリアを終えることになりますよ」

この二人のアルヴァレスの言葉に、マクリーンは不穏な空気を感じ取った。そして、交わされた会話を、ひそかにノートに書き留めておくことにした。[3]

こうしてマクリーンは、後味の悪い感情とともにK－TEC2会議をあとにした。自らのデカン火山説を発表することはできたが、ほとんどの研究者はまともに取り上げてくれなかった。

次にどのような戦略をとるべきか、ヴァージニアへの帰路で彼は一人、考えていた。

＊

オタワの会議の翌月、カナダ最大の全国紙『グローブ・アンド・メール』に「絶滅のいくつかの理由と科学者たち」と題した次のような記事が掲載された。それを目にしたマクリーンは言葉を失った。記事を書いたのは、K－TEC2会議に参加していたジャーナリスト、パット・オレンドルフだった。[4]

六五〇〇万年前に地球上の動植物のじつに七五パーセントを絶滅に導いた理由はいくつかあるだろうが、オタワの会議において科学者たちは、宇宙からやってきた物体がその主要な原因であると結論づけた。

もちろんこの合意は驚くべきことではない。北米、イギリス、ヨーロッパから集まった二五名の参加者は、たった一人を除いて天体衝突と絶滅の関係をすでに受け入れていたからだ。

参加者二五名のうち二四名は、ルイス・アルヴァレスがいう〝ざっくりとした合意〟に達した。反対したのは、ヴァージニア工科大学の古生物学者デューイ・マクリーンただ一人であった。

ジャスト・ソー・ストーリーズ

K－TEC2会議から五か月が過ぎた、一九八一年一〇月一九日。デューイ・マクリーンはユタ州ソルトレイクシティのスキーリゾート、スノーバードを訪れていた。これからハイシーズンを迎えるこのリゾートには、総勢一二〇名にもおよぶ物理学者、天文学者、大気物理学者、地質学者、古海洋学者、古生物学者、地球化学者が集結していた。

彼がこれから参加する「巨大天体衝突と地球上の進化――その地質学的、気象学的、生物学的意義」と題された会議では、ルイスらにより提案された衝突説をあらゆる角度から検証する目的があった。[5] ルイスの理論を認めている学者が多く参加していたため、議論のポイントは衝突説の是非ではなく、衝突によりどのような環境変動が起こるかという点にあった。

マクリーンは例によって、K／Pg境界の地層欠損やデカン・トラップの火山活動について発表する予定だった。ルイスを筆頭とする衝突理論支持者とは、K－TEC2会議以来となる直接対決だ。

しかし発表の直前、彼はある噂を耳にする。ルイス・アルヴァレスがスノーバード会議の参加者に対して、マクリーンの講演を一斉非難するよう、ひそかに口裏を合わせているというのだ。[6] 思い起こせば、K－TEC2会議もおかしな集まりだった。ルイスの衝突説の支持者が集まり、彼の理論に〝承認スタンプ〟を押すだけの会議に、いったいなぜ自分が呼ばれたのだろう。マクリーンは、周囲に不穏な気配を感じるようになっていた。

彼はスノーバード会議のあとも、学会や会議に参加するたびに、ルイスがマクリーンの悪評を広めていると人づてに知った。とりわけ次の記事はひどいものだった。

アメリカ国立科学財団が発行する一般向け科学広報誌『モザイク』に、K／Pg境界の天体衝突理論について、インタビュー記事が掲載された。[7] シカゴ大学の古生物学者デイヴィッド・ラウプが「文学作品でよく目にするような、その場しのぎの説もある。つまり『ジャスト・ソー・ストーリーズ』みたいなものだ」と話している。記事の最後には、恐竜の「腹痛説」や「ホルモンバランスの乱れ説」などとともに、マクリーンの説が「ジャスト・ソー・ストーリーズ」の一つとして書かれていた。

これは非常に屈辱的な記事であった。読者の皆さんは『ジャングル・ブック』の作者として有名なラドヤード・キプリングの児童向けの本「ジャスト・ソー・ストーリーズ」(日本語訳としては「そうだったんだ物語」が適当だろうか)をご存知だろうか。これは、子供が疑問にもちそうなことにまつわる古典的な物語を、キプリングが自身の子供たちのために編纂したものである。たとえば「ゾウさんの鼻はなぜ長いの?」という疑問には、「もともと短かった鼻が、ワニにかみつかれて引っ張りあううちに伸びてしまったんだよ」と答えるような話だ。[8]

マクリーンは「自分の説は、子供向けの作り話と同じだというのか!」と憤慨したに違いない。

さらに悪いことに、同記事のなかでハーバード大学の著名な古生物学者スティーヴン・グールドが

「ルイスらの衝突説は、検証可能な初めての説」と絶賛しており、そのほかの説は検討に値しないと暗に批判した。

マクリーンにとっては、致命的な記事である。なぜなら『モザイク』の発行元であるアメリカ国立科学財団からの助成金なしには、研究はおろか、大学に在籍することすら困難になるからだ。アメリカでは基本的に、研究活動費だけでなく大学での光熱費や実験室を含む〝ショバ代〟も、多くをこの財団から獲得する助成金に依存しているのだ。

持ち込まれた悪意

一般向けの広報誌『モザイク』の記事で児童小説みたいなものと見なされたマクリーンの二酸化炭素説は、一般の人たちに、もはや研究資金を費やすような科学的価値はないと思われたかもしれない。また、社会的にも影響力のある二人の古生物学者、デイヴィッド・ラウプとスティーヴン・グールドがルイスの説を支持したことが、彼のキャリアを転落させた。のちにマクリーン本人が、ルイス・アルヴァレスに加えてラウプとグールドが自分の経歴を破壊したと回顧している[9]。

この記事が出る前は、彼を擁護する研究者もいた。ヴァージニア工科大学の地球科学科長デイヴィッド・ウォンズは、マクリーンの二酸化炭素説を支持していた同僚の一人だ。彼は一九八一年一月の学部通信で、「デューイは、当学科随一の独創的で創造的な研究者」と賛辞を送っていた。

ところが『モザイク』に記事が掲載されると、ウォンズのマクリーンに対する考えは、一変して最悪なものとなった。彼は立場上、アメリカ国立科学財団の評価を非常に気にしていたのだ。

また、ウォンズら大学執行部は、マクリーンの教授職への昇進を阻止した。代わって、ヴァージニア工科大学に来てまだ日が浅い古生物学者リチャード・バンバックを教授職に承認し、さらに大学の執行部メンバーとして迎え入れた。マクリーンによれば、ラウプの古い友人であるバンバックを通じて、悪意のある策略が次々と彼の学部に持ち込まれたという。そして、それを裏で操っていた犯人はルイス・アルヴァレスであるとにらんでいた。

この件にかんして、一九八八年の『ニューヨーク・タイムズ』紙に興味深い記事が掲載された[10]。何名かの匿名研究者の証言によると、実際にルイス・アルヴァレス陣営がヴァージニア工科大学にはたらきかけ、マクリーンの教授職昇進を阻止したというのだ。取材に対して、ヴァージニア工科大学もルイスも即座に否定したが、ルイスはインタビュアーとのやり取りのなかでこう語った。

「もし学長が私に、デューイ・マクリーンについてコメントを求めてきたら、こう言ってやるだろう。弱虫の女の子だってね」

「彼は競技から閉めだされて、姿を消したんだと思っていたよ。誰も彼を研究集会に呼ばないものだから」

またマクリーンは、当時の副学部長に次のように言われたと証言している。

「キャンパス内で誰か、恐竜絶滅の研究のせいでクビになる人がいるらしいですね」

当時のヴァージニア工科大学で、恐竜の絶滅にかんする研究を行なっていた人物は、マクリーンただ一人だった。彼は教授職への道を閉ざされ、大学執行部から邪魔者扱いされた。また、ピューリッツァー賞受賞者である有名ジャーナリスト、ジョン・ウィルフォードの著書『恐竜の謎』にも、彼の説は「そうだったんだ物語」の一つとして紹介されてしまった[11]。

しだいに、マクリーンの精神は蝕まれていった。そして一九八四年、彼の肉体は限界を超えた。極度のストレスによる免疫疾患だろうか。全身の関節痛と炎症により、以前のように研究ができなくなった。その後も、一〇年間はなんとか研究を続けることができた。しかし、たび重なる体調不良から、一九九五年にヴァージニア工科大学を退職した。

第7章

容疑

恐竜は少しずつ絶滅？

一九八〇年の発表以降、ルイスの天体衝突理論に対してさまざまな疑問が投げかけられた。

K／Pgは白亜紀と古第三紀の境界を表わす言葉だが、「紀」をさらに細かく分類する時代区分がある。白亜紀最後の時代「マーストリヒチアン」や古第三紀最初の時代「ダニアン」といった数百万年単位の区分でみると、絶滅がマーストリヒチアンという時代に含まれることはまちがいない。しかし、時間解像度をグッと上げて境界の〝まさにその瞬間〟にまで迫ったところで、研究者は隘路にはまり込んだ。

じつは、時間解像度を上げたK／Pg境界の詳細な化石データには、衝突理論を支持する〝突発的な絶滅〟など、ほとんど記録されていなかったのだ。私はにわかに信じることができず、当時の化石データにかんする資料を調べてみたが、突発的絶滅を示す確実な化石記録は、限られた化石グループにしか見られなかった[1]。

特に興味をひかれるのは、やはり恐竜の絶滅だ。一九八〇年代の時点では、ヘルクリーク層には依然として「三メートルのギャップ」が存在しており、白亜紀の最後までに恐竜はすでに地上からいなくなっているように見えていた。

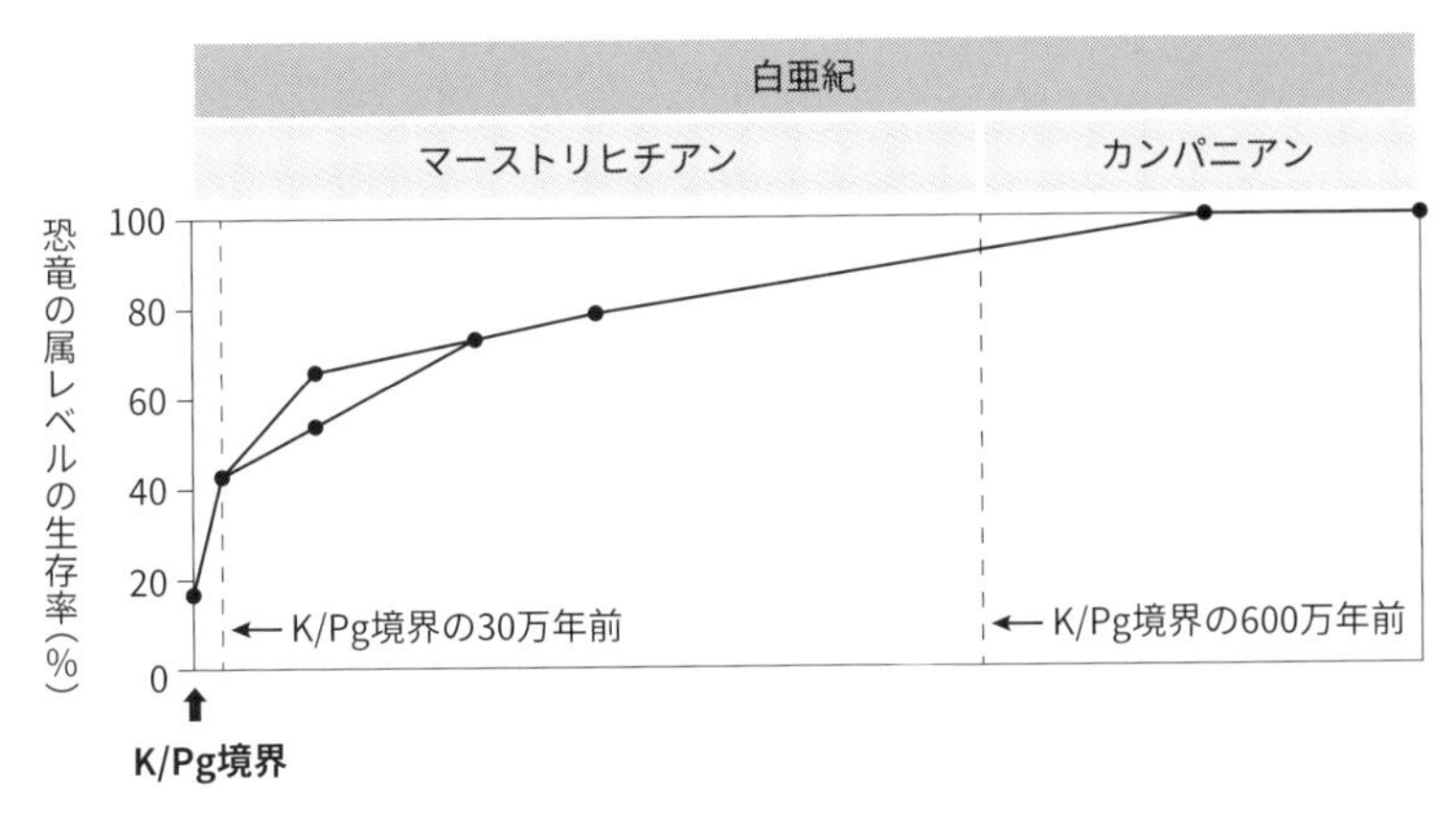

図15　恐竜の漸進的絶滅説を主張するスローンのデータ

ミネソタ大学のロバート・スローンのグループは、ルイスの衝突理論以前から、白亜紀の最末期に恐竜は〝漸進的に絶滅〟したと結論していた。一九八六年にはさらにデータを追加して、恐竜の多様性は白亜紀最後に三〇万年かけて衰退したと主張した。

彼らの解析した三〇属という数は統計的に不十分という意見もあった。しかし、それ以上の数のデータを出すことができる研究者は、この時点でいなかった。結局、衝突支持派は「統計的に不十分」と喧伝するしか方法がなかった。

ワニやカメといった陸域の爬虫類は、K／Pg境界でほとんど絶滅していない。私自身、これらの爬虫類がK／Pg境界にまたがって両方で見つかることをヘルクリークで確認している。恐竜と同じ生息域にいた爬虫類のグループが、K／Pg境界を何事もなかったように生き延びたことには違和感を覚えるし、衝突理論を疑う動機を生む。

植物化石についても、突発的絶滅の証拠は得られなかった。スミソニアン博物館の古生物学者レオ・ヒッキーは、ルイスらの理論に触発され、ヘルクリーク層において約一〇〇〇点にもおよぶ植物化石の絶滅パターンを検証した。しかし結果は、植物化石の多様性も絶滅も衝突の影響を受けていないこと、むしろK／Pg境界にかけて〝漸進的に絶滅〟していることを示していた。

古生物学者ピーター・ウォードは、衝突理論が発表された当時、彼の研究するアンモナイトも突発的に絶滅したのではないかと考えていた。しかし、その後のスマイア海岸の調査では、もっとも時代の新しいアンモナイト化石でさえK／Pg境界の一〇メートル下の地層までしか見つからず、「アンモナイトは、白亜紀／古第三紀境界の隕石が衝突する少し前に絶滅した」と考えた（第2章）。また、同じく彼が調べたイノセラムスという二枚貝も、アンモナイトと同様にK／Pg境界のはるか以前に絶滅しているように見えた。

少しあとの話になるが、興味深いことに、一九八四年の時点ではウォルター・アルヴァレス自身が白亜紀末の漸進的絶滅を認めている。彼は、白亜紀の主要な海生無脊椎動物であるアンモナイト、コケムシ、腕足類、二枚貝について、その絶滅パターンを検討した。それによれば、白亜紀末に見られるこうしたグループの漸進的な衰退はそれまでの時代にも何度か見られたものであり、特別な現象ではないという。しかし、白亜紀の終わりに天体衝突が起こったことで、ふたたび多様性が回復することなく、完全に絶滅したのだとウォルターは主張した。

嫌疑不十分

衝突「直後」に"突発的"に絶滅した分類群

円石藻
浮遊性有孔虫

衝突「以前」に"漸進的"に絶滅した分類群

恐竜
植物
コケムシ
腕足類　アンモナイト
イノセラムス類　二枚貝

衝突によって絶滅していない分類群

陸域の爬虫類（ワニ、カメなど）
珪藻
放散虫

図16　1980年代前半の時点で考えられていたK/Pg境界の絶滅生物

肉眼では見えない大きさの、微化石にも注意が向けられた。なかでも特に小さい円石藻は、白亜紀最後のマーストリヒチアンと古第三紀最初のダニアンという時代で化石種がまったく異なることが、古くから指摘されていた。また、一九七五年に北大西洋の海底から掘削された連続コア試料の記録は、生物擾乱（生物の這い跡や巣穴の影響）でK／Pg境界の記録が乱されていたものの、円石藻は境界で突発的に絶滅していることを示していた（絶滅といっても、完全にすべての種が消滅するわけではない。わずかに生き延びた種が進化して、現在も世界中の海に分布している）。

K／Pg境界のコア試料からは、生息域を円石藻と同じくする珪藻などの植物プランクトンの化石も検討された。その結果、円石藻とは異なり、これらのプランクトンはK／Pg境界でほとんど絶滅の影響を受けていないことがわかった。衝突で発生した塵による光合成停止のあおりを一番強く受けそうな植物プランクトンがK／Pg境界を生き抜いたとは、いったいどういうことだろうか。

さらに、動物プランクトンでケイ素の殻をもつ放散虫と呼ばれるグループも、K／Pg境界ではほとんど絶滅していなかった。放散虫は、海洋の表層付近で微小な藻類を捕食する。したがって、光合成の停止により藻類の生産量が低下すれば、放散虫の生産量も激減、場合によっては絶滅するはずである。しかし、激減も絶滅も見られなかった。

では、ウォルター・アルヴァレスやヤン・スミットが注目した浮遊性有孔虫（有孔虫は、海洋表層付近に浮遊して生息する浮遊性有孔虫と、海底面に生息する底生有孔虫に分けられる）はどうか。円石藻と同様に、これもK／Pg境界で突発的に絶滅しているようにみえた。一九八一年にはスクリップス海洋研究所のハンス・ティーエルシュタインが、浮遊性有孔虫の種の九七パーセント以上がK／Pg境界で絶滅したと報告している。

グッビオのスカリア・ロッサ石灰岩は、ハイエタス（地層の欠損）があるために浮遊性有孔虫が突然絶滅したように見えるという意見も、根強く語られた。しかし、ハイエタスや炭酸カルシウムの溶解作用でイリジウム異常を説明する試みは、すでに失敗している。

このように、一九八〇年代前半にさまざまな化石記録が検討されたが、K／Pg境界で突発的に絶滅した生物は結局、ウォルターが最初に指摘した海洋の浮遊性有孔虫と円石藻だけだった。私たちが関心をもっている陸上の恐竜や植物、海洋の無脊椎動物の多くは、K／Pg境界の天体衝突以前に漸進的に絶滅していたようなのだ。言い換えると「衝突は恐竜絶滅のあとで起こった」ことになる。

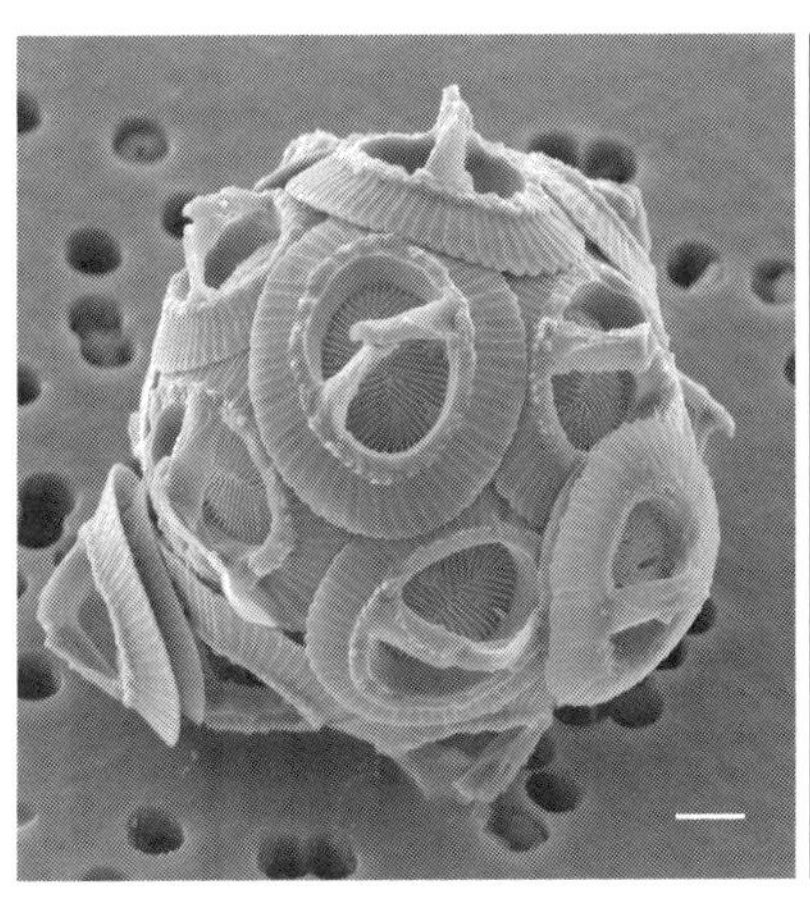
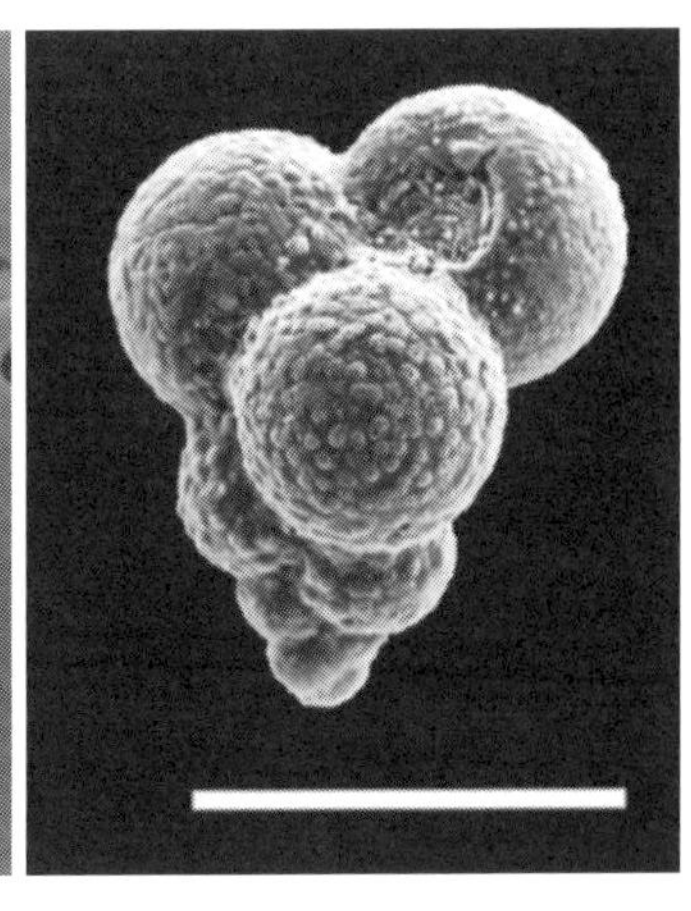

図17　円石藻（左）と浮遊性有孔虫（右）の電子顕微鏡写真
（右下のスケールバーはそれぞれ1ミクロンと100ミクロン）

衝突をすべての絶滅の犯人とするには〝嫌疑不十分〟である。

塵と闇

一九八一年一〇月、ルイス・アルヴァレスは誰よりも真剣にその講演を聞いていた。否定派のデューイ・マクリーンも参加していた、ユタ州スノーバードの国際会議だ（第6章）。

初日の午前セッションで、ルイスの理論は早くも暗礁に乗り上げた。NASAエイムズ研究所のブライアン・トゥーンが、衝突で発生した塵はルイスらが想定したほど長期間、大気中にとどまることはないとする講演を行なったのだ[2]。

ルイスは当初、衝突により成層圏に到達した塵は風で世界中に輸送され、三年ほど大気中にとどまったと考えていた。これはクラカトア噴火による、血のように赤い夕日が継続した年数を参考にしたものである。またルイスは、一九五〇年代にソビエト連邦で行なわれた水爆実験から、微小粒子が北半球から南半球まで移動するためには、約一年間は大気中にとどまっている必要があることも知っていた。[3] そのため、三年という数字は、全地球上に衝突の塵を拡散させるのに適当な期間に思われた。

しかしいま、トゥーンがコンピューター・シミュレーションによって示したデータは、放出された塵が成層圏に長期間とどまり、地球の反対側まで輸送されることなどありえないというものだった。これは、地質学の初学者がまず学ぶことになる粒子の沈降速度の基本理論、ストークスの法則にもとづくものであり、計算違いとして片づけることはできない。トゥーンによれば、ルイスらの想定よりはるかに大量の塵が世界を覆ったとしても、太陽光が遮断されたのはせいぜい三か月程度という計算になった。

のちにルイスはこう語っている——ブライアン・トゥーンの新しいデータによって私たちは苦境に立たされたが、すでに世界中でイリジウム層が発見されており、なにか輸送方法があったはずだと確信していた。[4] まずは世界中に塵を撒き散らすしくみが検討され、スノーバード会議の二日後には、衝突による弾道飛行で全地球的に粒子を拡散させられることがわかった。しかしそれでも、衝突による暗闇が長期間続いた可能性は低いという問題は変わらない。

また、その後に行なわれた計算で、結局クラカトアの噴火でも火山灰の塵は三～六か月ですべて地上に落ちたことが判明した。三年におよぶ異常な夕日の問題は塵によるものではなく、火山から放出された硫黄ガスに起源をもつ「エアロゾル」（この場合は、硫黄ガスが大気中の水と結びついてできた液体の微粒子のこと）で引き起こされたものだった。

この計算違いは、ルイス陣営の仮説に付け入る隙を与えた。「塵による暗闇そのものが、本当に起こったかどうか怪しいものだ」。地質学者はそう噂した。

しかし、もしルイスの〝塵による闇〟仮説がまちがっていたとすると、同じくスノーバードの会議で報告されたカール・オースのデータは、なにを意味するのだろうか。

深まる疑惑

ロスアラモス国立研究所のカール・オースは、ニューメキシコ州にあるヘルクリーク層の南方延長の地層からイリジウム異常を発見した。[5] これは、白亜紀末に陸上だった場所から見つかった初めてのイリジウム異常の例であり、海洋特有のプロセスでイリジウム異常は説明できないとする強力な証拠になった。

彼はスノーバードの講演で「イリジウム異常が見られるタイミングでは、それまで圧倒的多数を占めていた被子植物の花粉量が激減し、代わってシダ植物の胞子量が短期的に急増する」という報告を行なった。これは、衝突直後に陸上の被子植物が激減した代わりにシダ植物が地上を覆ったことを意味する。彼はその意義について詳しい言及を避けたが、生態学を学んだ者には、彼の発見がなにを意味するか一目瞭然だった。

植生遷移である。

たとえば、すべてを焼き尽くした溶岩流の上に新たな生物活動が始まる場合、コケ植物や地衣類の出現に始まり、草本植物、低木類、高木類へと植生が遷移していくことが知られている。K／Pg境界でも、衝突直後の荒廃した大地の上に最初はシダ植物が出現し、のちに低木類、高木類へと植生が復活していったのだろう。シダ植物の多くが低照度の林床に生育することから、ルイスの考える「塵による日光遮断」が、シダ植物の大繁殖の原因ではないかと想像させる。

しかし理論計算では、衝突の塵による闇は、彼が予想していたよりはるかに短いものであった。シダ植物の胞子異常の理由については、結局ルイスは多くを語ることはできなかった。

その後、「衝突の塵」仮説は、信じられない場所から見つかった化石により窮地に立たされる。カリフォルニア大学バークレー校の古生物学者ウィリアム・クレメンスが、アラスカ北西のプルドー湾で恐竜化石を発見したのである。

この地域は白亜紀にもかなり高緯度に位置していたため、冬の間は数か月も闇に覆われていた。つまり、恐竜は数か月の暗闇にも耐えて生きることができた可能性があるのだ。また、クレメンスの発見と時を同じくして、オーストラリアのタスマニアからも恐竜化石が見つかった。白亜紀には南緯八五度という高緯度に位置していたこの地域も、冬の暗闇は三〜六か月続いていたと考えられる。だとすれば恐竜は、もし衝突の塵による暗闇が訪れても生き延びられるだろう。

クレメンスは、恐竜が年に二回も長距離移動して冬の闇を逃れていたとは考えにくいので、植物が成長しない冬の間、草食恐竜が食事量を減らすなんらかの方法があったはずと考えた。

この発見について彼は、『ニューヨーク・タイムズ』の取材にこう答えている。[6]

「化石の記録からあきらかなように、恐竜は〔長く暗い冬を〕生き延びた。この発見は、天体衝突による絶滅説になんと言っているのかな？　ばかばかしい、だ」

容疑者Aと容疑者B

ある生物が絶滅した原因を解明するためには、なにから調べればよいだろうか。

地質学者はまず、〝時制の一致〟に格段の注意を払う。地層のページをめくっていき、化石が絶滅したまさにその瞬間に、どのような地球環境の変化が記録されているのかを読み解くのである。

浮遊性有孔虫と円石藻が絶滅したページには、たしかに白金族元素の異常があり、天体衝突があった。したがって両者の絶滅を導いた犯人として、天体衝突が容疑者Ａ（天体衝突＝Asteroid impactのＡとでもしておこう）として浮上する。ここで容疑者Ａが絶滅の犯人として起訴され、徹底的に地質学者の取り調べを受けることになる。

ところが、ほかの化石グループの絶滅は、いつも天体衝突の少し前に起こっていた。容疑者Ａの犯行時刻より前に絶滅していたのだ。さらに、ある種の海洋プランクトン（珪藻や放散虫）は、Ｋ／Pg境界でほとんど絶滅していない。これらの化石グループは、その後の研究でも絶滅の記録はない。

つまり、浮遊性有孔虫と円石藻〝以外〟の生物の絶滅を引き起こした犯人としては、容疑者Ａは起訴どころか、捜査対象にすらならないのだ。しかし、いまや七〇歳を超えるノーベル賞物理学者が、すべては容疑者Ａが犯人だと騒ぎ立てている。

ごく一部の古生物学者は犯行現場に立ち返り、化石層序を再検討して容疑者Ａを追い詰めるという、私なら絶対にやりたくない苦行の旅へとふたたび身を投じた。ルイスを満足させる化石データを得るためには、一生を棒にふる覚悟がいる。

その他の地質学者は、ほかに容疑者がいるはずと捜査方針を転換した。そして、それはすぐに見つかった。インドのデカン・トラップである。

人口一〇〇〇万人を超えるインド最大の都市ムンバイ。デカン・トラップと呼ばれる玄武岩の大地は、この巨大都市をぐるりと取り囲むように広がっている。デカン火山活動は、一般にイメージする火山とは桁違いのマグマ噴出量を誇る。平均すると厚さが一キロメートルを超える玄武岩質溶岩が、少なくとも八〇万平方キロメートルの面積（日本国土の約二倍）に広がっているのだ。まるで洪水のように流れ広がったことから「洪水玄武岩」と呼ばれ、ほかにもロシアのシベリア・トラップやアメリカのコロンビア川台地などがある。

マントル深部から湧き上がる上昇流マントルプルームに起源をもつマグマは、この地域で何度も大規模な噴火を繰り返した。最大のものは一度の噴火で一万立方キロメートルもの玄武岩質溶岩を噴出し、一〇〇〇キロメートルにわたって流れた溶岩は、インドを横断するほどであった。これは、一度の溶岩流としては史上最大の噴出量を誇る。

アメリカ海軍研究実験所の火山学者ピーター・ヴォグトは一九七二年、デカン・トラップの火山活動が有害元素を放出し、K／Pg境界における海洋の生物生産低下や絶滅を導いたとする説を『ネイチャー』に発表した。私の知るかぎりヴォグトの論文が、K／Pg境界絶滅とデカン火山活動を結びつけた最初の論文である。しかし一九七〇年代はまだ、デカン・トラップ洪水玄武岩の年代決定精度が甘く、白亜紀の終わりに起こった絶滅と火山活動との時制を議論できるほどではなかった。

その後、デューイ・マクリーンにより火山説が広められる頃には、デカン・トラップ玄武岩の放

図18　マグマの大量噴出でつくられた洪水玄武岩の大地、デカン・トラップ

射性同位体を用いた年代測定や地磁気逆転年代について、いくつか信頼できるデータが報告されていた。特に、東京大学の地球化学者・兼岡一郎氏は、質量数三九のアルゴンを利用した新しい年代測定法によって、デカン・トラップでの主要な火山活動は六五〇〇万年前に起こったことを示し、活動全体は六六〇〇万〜六〇〇〇万年前の間の出来事であったとした[7]。

また、フランス・パリ地球物理研究所のヴァンサン・クルティヨは、デカン・トラップの地磁気逆転年代とアルゴン年代を徹底して調べ上げた。デカン火山活動は地磁気逆転年代で「クロン29R」と呼ばれるK／Pg境界をはさんだ時代に起こり、この地磁気逆転は六九〇〇万〜六五〇〇万年前であることから、この間に噴火が起こったと彼は結論した[8]。

時制の一致という観点からは、絶滅を起こした容疑者として、デカン・トラップの火山活動は十分な要素を備えていた。玄武岩の年代は、K／Pg境界を境にして前後の時間に少しだけ広がっている。多くの化石グループの絶滅が起こったタイミングは、すべてこの年代範囲の中に収まる。捜査線上に、容疑者B（玄武岩火山活動＝Basaltic volcanismのBとしておこう）が浮かび上がった。

地質学者の何人かは捜査を開始した。犯行時刻からは容疑者Bが疑われるが、その〝犯行方法〟はまだ不明だ。しかし噴火の規模を考えると、かならずしっぽをつかむことはできるはずだ。なにより、ルイスが天体衝突の塵による絶滅を思いついたとき、クラカトアの大噴火を参考にしていたではないか。デカンよりずっと小さいクラカトアの噴火でさえ、地球の寒冷化を引き起こしたのだ。絶滅を引き起こした理由をすぐには説明できないが、きっとなにか方法があるに違いない。

二人のエリート捜査官

いま、こうして過去の研究者の足跡をたどっていると、少々残念に思うことが一つがある。容疑者Bが浮上したとき、もっと多くの火山学者にデカン・トラップ洪水玄武岩を研究してほしかったということだ。火山層序、マグマの化学組成、噴火様式、年代あたりの噴出量と、放出された物質量およびガスの量。これら地道なデータの積みかさねがあれば、火山活動が引き起こす環境変動と絶滅にかんする研究は、もっと建設的な議論へと発展していたはずだ。

社会的な評価が高かった二人のエリート地球物理学者が、デカン・トラップ火山活動の本質をねじ曲げ、火山学者の現場を仕切ってしまったことは、不運なことのように思われる。

＊

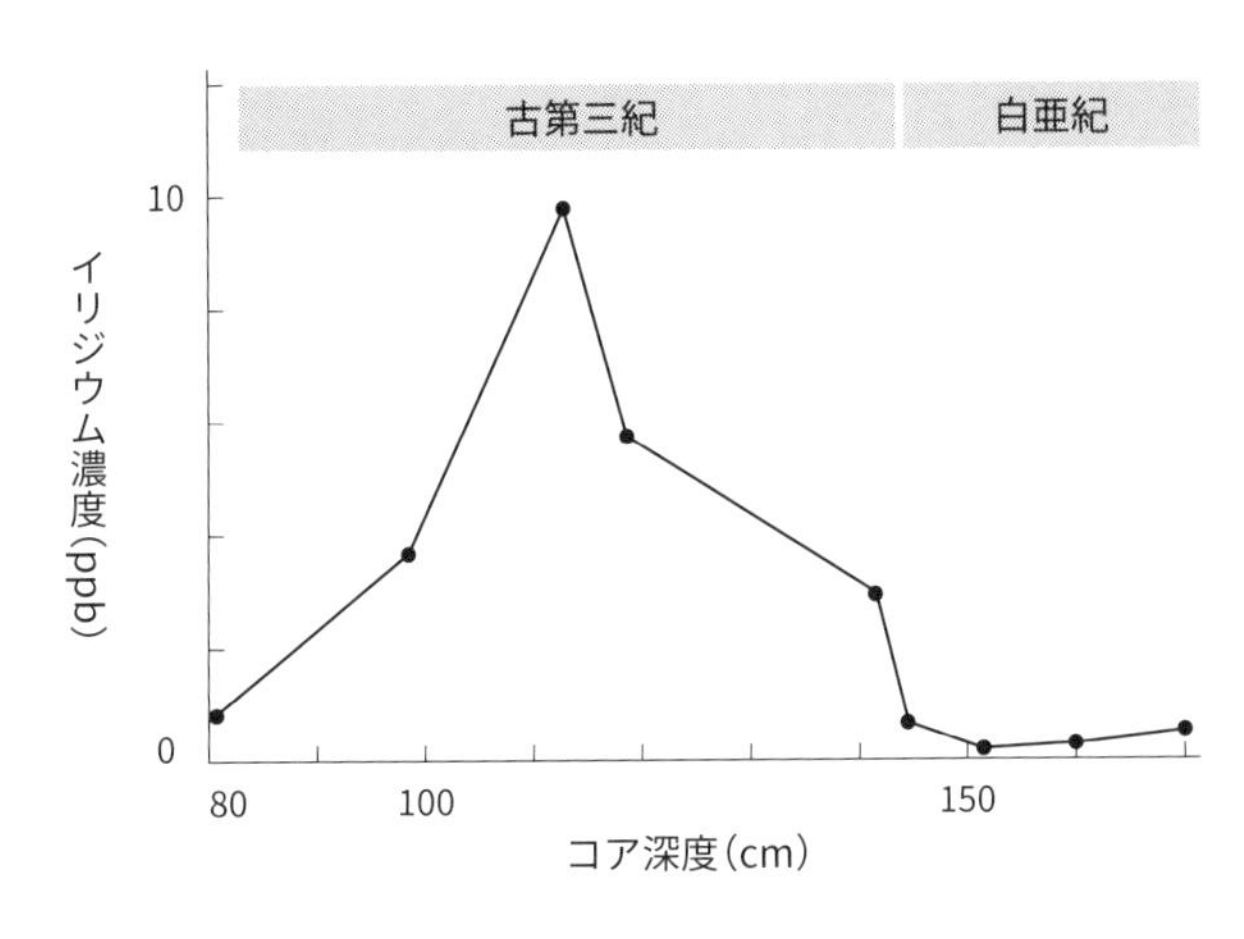

図19　イリジウム濃度の丘状ピーク

ダートマス大学の地球物理学者チャールズ・オフィサーとチャールズ・ドレイクは、一九八三年と一九八五年の『サイエンス』で、ルイス・アルヴァレスの天体衝突説に真っ向から反対した。彼らの目は「K／Pg境界では、天体衝突などなかった」という一点に集中していた。

ことわっておきたいのは、両者ともアメリカを代表する地球物理学者であったことだ。特にチャールズ・ドレイクはアメリカ地質学会やアメリカ地球物理学連合の会長を務め、一九九〇年から九二年にかけては、ジョージ・ブッシュ政権の科学顧問となったほどの人物である。

彼らのメッセージは非常にシンプルであり、「イリジウムも衝撃変成石英もスフェルールも、すべて火山活動で説明できる」というものだった。いまや誰も信じないような彼らの説を、三〇年前のマスコミは騒ぎ立てた。

オフィサーとドレイクは、ウィリアム・ゾラーが報告した「キラウエア火山からの噴出物に含まれる高濃度イリジウム」（第5章）を引き合いに出した。[9] 噴出物に含まれるイリジウムと金の割合が隕石のものと大きくかけ離れていることから、ゾラー自身は「K／Pgのイリジウム異常を火山説で説明するにはさらなる検討が必要」と主張していたが、二人はその点を無視したのだ。

また、世界各地で見つかるK／Pg境界でのイリジウム濃度のピークは、しばしば上下の地層に裾野が広がった丘のような形をしていたので、オフィサーとドレイクは「長い火山活動でイリジウムが放出され続けたために丘状になった」と結論づけた。

イリジウムの起源を火山に結びつけられないことは、ガナパシーの白金族元素の研究からもあきらかだったし、ゾラーの重要な指摘を彼らが無視したことは感心できない。ただし、高い濃度のイリジウムが「K／Pg境界を中心に前後の時代に丘状に広がる」という指摘だけは、建設的な議論に発展した。

イリジウムが隕石起源であるとする立場からは、丘状に広がるのは生物による堆積物の擾乱だとか、間隙水が上下の地層に移動するとともにイリジウムも移動した、などの説明がなされた。しかしなにより、彼らの指摘を契機に、海洋におけるイリジウムの「滞留時間」が計算されたことは画期的な成果だった。

カリフォルニア工科大学のアリエル・アンバーは、海洋にもたらされたイリジウムが海水中に滞留している時間をおよそ二〇〇〇年から二万年と計算した。この滞留時間内にイリジウムはゆっくりと海底に沈殿し、海水中から除去される。天体衝突により大量に海水に溶けたイリジウムは、最大で二万年という長い時間をかけて海底に堆積したために、丘状のピークが堆積物中につくられた

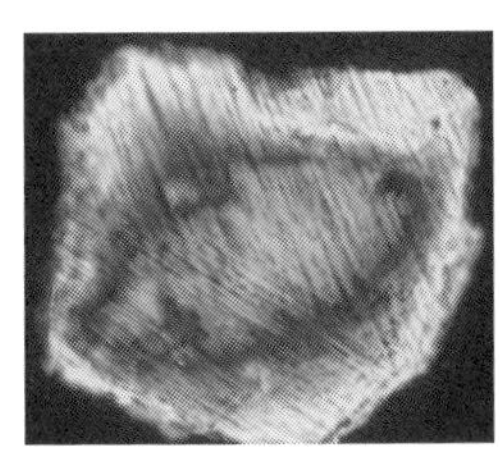

図20　衝撃変成石英（左）とスフェルール（右）

とアンバーは説明した[10]。

しかし、火山説にまつわるその他の議論は、たんに衝突説支持者の気分を害するものでしかなかった。それだけではなく、オフィサーとドレイクの火山起源説は、以後のデカン火山活動の研究を大きく遅らせる原因となった、と私はみている。まちがったメッセージが世間に流布されたことで、デカン火山活動をテーマにした研究資金の獲得が困難になったのだろう。

彼らの論理は、どれほど迂闊（うかつ）だったのか。

衝撃作用により特殊な破壊面（正確にはガラス状物質の面構造）をもつ「衝撃変成石英」という鉱物がある。天体衝突によるクレーターか核爆発実験場でしか見られなかったものだが、一九八一年にK／Pg境界の地層から発見された。この衝撃変成石英は天体衝突の強固な証拠として取り上げられたが、オフィサーとドレイクはこれも火山起源物質とみなした。彼らの主張は、「カナダ・オンタリオ州のサドベリーと、南アフリカのフレデフォートという火山からも見つかるから、衝撃変成石英は火山起源」というものだった。しかし、そもそもサドベリーもフレデフォートも火山ではなく、天体衝突クレーターなのである。

論理は完全に破綻していた。

誤認

さらに奇妙な〝笑えない〟エピソードがある。

イタリア・グッビオのK／Pg境界粘土層から見つかる「スフェルール」と呼ばれる直径一ミリ以下の小球体を、オフィサーは火山物質に由来するものとした。グッビオではK／Pg境界だけでなく「あらゆる粘土層からスフェルールが確認できる」から、特定の衝突により形成された粒子ではなく、火山に起源をもつと主張したのだ。[11]

スフェルールの形成過程は当時まだ詳しくわかっていなかったが、急激に冷却されたことを示す針状の構造を有しており、衝突で飛散した飛沫が急冷してできた粒子と考えられていた。それまでの報告では、イリジウム異常のあるK／Pg境界粘土層からしかスフェルールは見つかっていない。境界以外でもスフェルールが見つかるとは、いったいどういうことだろうか。

アメリカ地質学会の学術誌『ジオロジー』に当時掲載された、彼らのスフェルールの写真を見た瞬間、これがなにか私はすぐに理解できた。私自身もイタリアでだまされたことがある、アレだ。ルイス・アルヴァレスは、「オフィサーがそれを発表したあと、ウォルターが彼をやっつけるのに二分しかかからなかった」と述べている。[12]

一九八五年の暮れ、アメリカ地球物理学連合のサンフランシスコ年会においてオフィサーとドレイクは、グッビオのあらゆる白亜紀の粘土層からスフェルールが見つかると報告した。発表のスライドには、表面がなめらかで内部が空洞の〝スフェルールの写真〟がいくつか示された。

彼らの発表後に設けられた二分の質問時間に、ウォルターは「オフィサーとドレイクは、試料の洗浄を怠っている」と注意した。続けて、当時ウォルターの指導を受けていたイタリアからの留学生が、その写真を見てこう言った。

「ただの昆虫の卵です」

それだけでなく、その学生は卵の主である昆虫の種名まで言ってのけた。「次の瞬間、数百名の地球科学者がいる会場は、爆笑の渦に巻き込まれた。五三年にわたり科学会議に参加してきたが、このような光景は一度も見たことがなかった」とルイスは回顧している。

＊

オフィサー自身は、「ウォルターの発言のあとに爆笑などなかった」とのちのインタビューで否定しているが[13]、私も彼らと同様のまちがいを犯しそうになったことがあるので、あまり笑える話ではない。

二〇一四年一一月、イタリアのシチリア島にある三畳紀の石灰岩層を調査していたときのことである。一枚の厚さが数十センチの石灰岩の層と層の間に、数センチほどの薄い粘土層が頻繁にはさまれていた。私はある特定の位置の粘土層に、茶褐色の小球体が含まれることを発見した。表面だけでなく、ずいぶん奥のほうから掘り返した粘土層にも、その小球体は含まれている。

私は興奮した。「この時代だったら天体衝突が起こっていてもおかしくない」「ガラスが溶脱して鉄が残り、黒っぽく見えているのではないか」。大発見につながるのではという妄想で頭はいっぱいになり、重さ数キロの岩石を日本に送ることにした。

日本に帰り、郵送しておいた試料が研究室に届くと、さっそく実体顕微鏡を覗き込んでみる。完璧な球体だ。直径は一ミリにもみたない。やや透過性がある。ガラスはさすがに残っていないよな、と思いながら目を凝らして観察し、分析のために粘土から球体を取り出そうとした。こういうときは、歯医者が使う金属製のニードルが役に立つ。ニードルで球体をつついてみた、次の瞬間。

——プスッ。

穴があき、しぼんだスフェルール。これが鉱物でないことは一目瞭然だった。ああ、これは例の虫の卵だったのか。しかし、粘土の試料は地表面からかなり奥で採取したはずだ。当然、地表の汚染には細心の注意を払ったし、試料は厳選した。なのに、なぜ?

大量に持ち帰った粘土の塊を前にして、苛立たしいやら情けないやら、うつむいてため息をついた。そして、試料を残らず高温電気炉に放り込んだ。

激しくなる絶滅論争

オフィサーとドレイクに研究現場は混乱させられたが、地質学者と古生物学者がやる仕事は決まっていた。一方の研究者たちは、ルイスがねらう容疑者A、天体衝突の捜査を進めた。たしかに円石藻や有孔虫以外の生物の絶滅は、天体衝突以前に起こっている。しかし、衝突前に死んでいたように見せかける、なにか巧妙なトリックがあるのではないだろうか。一部の古生物学者は、化石記録の再検討に着手した。

他方の研究者たちは容疑者B、デカン・トラップの取り調べを始めた。多くの生物が絶滅したとき、たしかに火山活動は起こっていた。犯行の手口を知るには、火山活動に由来する物証を地層から集め、絶滅の方法を特定すればよい。

いずれにせよ、非常に時間のかかる課題が山積みだ。当時の地質学者や古生物学者は、これらがどれほど時間がかかるものか、即座に理解できただろう。少なくとも三年は、ほかの成果を出すことはできそうにない。

しかし物理学者のルイスは、地質学や古生物学の一歩ずつしか進展しない研究に堪えられなかった。また彼は、自分の理論に反対する古生物学者をけっして見過ごすことができなかった。突発的な天体衝突を信じる彼にとって「ゆっくりとした絶滅」など、とうていありえなかったのだ。

ルイスは、天体衝突理論を発表して二年後の一九八二年一〇月、アメリカ科学アカデミーの総会で一時間におよぶ基調講演を行ない、開口一番こう言い放った。[14]

「小惑星がぶつかり、その衝突が多くの海洋生物の絶滅を引き起こしたことには、もはや議論の余地はない。いまやほとんどすべての人が、これらの説を信じている。しかし、かならず反対論者はいるものだ。いまだにプレートテクトニクスや大陸移動を信じない有名な地質学者がいることを、私は知っていますから」

これはおそらく、スミソニアン博物館のレオ・ヒッキーにあてたメッセージだ。彼は二年前の『サイエンス』に「古生物学者と大陸移動」と題して寄稿した、ルイスの論文への批判を、彼の陣営に送りつけていた。ルイスはこれを根にもっていたに違いない。彼はひとしきり天体衝突理論について説明したあと、彼の理論を批判したあらゆる古生物学者を、個人名をあげて〝口撃〟した。ルイスの基調講演の直前にレオ・ヒッキーは、「植物は白亜紀末に漸進的に絶滅し、恐竜の絶滅とは違う時代に起こった」とする論文を『ネイチャー』に公表していた。[15] ルイスは、この論文がカール・オースにより発見されたK／Pg境界のシダ胞子異常を無視しているとして、ヒッキーの研究姿勢を非難した。

また、ルイスの講演の大部分は、古生物学者ウィリアム・クレメンスへの〝口撃〟に向けられた。ルイスとクレメンスは、毎週火曜日の朝にカリフォルニア大学バークレー校の会議室に集まりセミナーを行なっていたのだが、その議論の内容が講演では詳細に明かされた。これには、両者により交わされた議論から、クレメンスがいかに非科学的でまちがっているかを聴衆にさらすねらいがあった。

「クレメンスは、イリジウム層の形成より〝はるか昔〟の三万年前に恐竜は絶滅したという。しかし、だんだん古生物学者たちが言うところでは、一〇〇万年以内に起こった絶滅は〝突発的出来事〟ということになっている。この分野の新参者である私にとっては、一〇〇万年が〝短い時間〟で、三万年が〝長い時間〟とする彼らの言いぶんは、まったくもって理解できないものだ」

クレメンスだけでなく、デイヴィッド・アーチバルドへの恨みも忘れていなかった。クレメンスとアーチバルドは一九八一年、『パレオバイオロジー』という雑誌に、恐竜の漸進的絶滅説を支持する研究事例を紹介した。[16] 論文の最後は、トマス・エリオットの有名な詩をもじり、「かくて白亜紀の終わり来たりぬ。とつぜんではなく、緩々と」という一節で締めくくった。これはルイスの気分をひどく害したに違いない。

ルイスはアーチバルドへの攻撃に先立ち、カール・オースにより示された（被子）植物の絶滅は、イリジウム異常の位置から地層にして五センチ以内で一致するという、最近の研究成果を示した。これは、およそ一〇〇〇年の範囲内で衝突と絶滅が起こったことを示している。

ルイスは、次のように語った。[17]

「アーチバルド、クレメンス、ヒッキーの立場に立って、この衝突が植物の絶滅になにも影響を与えなかったと考えてみよう。二つの事象の観察時間の一致は、単純に確率として表わすことができる」

「植物の絶滅が小惑星衝突に関係のない、純粋な運によるとする確率は、一〇〇〇分の一程度だ。私たち物理学者は、このように低確率な出来事を理論として真剣に取り扱うことはない」

さらにルイスは、「アーチバルド、クレメンス、ヒッキーの論文を見てもらえればわかるが、彼らは本当に、検証可能な競合理論をもっていないのだ」とつけ加えた。

ルイスの死

これらの個人攻撃に端を発する研究者たちの〝絶滅論争〟は、マスコミの格好のネタとなった。一九八五年一〇月のニューヨーク・タイムズ紙に、「衝突絶滅説に反旗を翻す恐竜専門家たち」と題した社説が掲載された。[18]これは同年にサウスダコタ州ラピッドシティで行なわれた、脊椎動物古生物学会の取材にもとづく記事だった。

学会でのアンケート調査では、衝突が陸上の脊椎動物の絶滅原因になったことを、一一八名の回答者のたった四パーセントしか認めていなかった。古脊椎動物学者の言葉は辛辣なものであった。

ミネソタ大学のロバート・スローンは、「彼らは、複雑な事象をごく単純に説明しようとしている」とインタビュアーに答えた。恐竜の温血動物説で有名な古生物学者、コロラド大学博物館のロバート・バッカーは、ルイス陣営に皮肉たっぷりの言葉を投げかけた。[19]

「彼らの傲慢さにはまったくあきれるよ。実際の動物がどのように進化し、生活し、絶滅したかを知らないんだろう。そのような無知にもかかわらず、地球化学者は派手な分析機器をふりかざして、自分たちが科学に革命を起こしていると思っている」

「彼らはこう言いたいんだろう。〝われわれハイテク人間は、すべての答えをもっている。古生物学者は、原始的な岩石収集家だ〞とね」

ルイスは非常に好戦的であったために、続く二度目のニューヨーク・タイムズ紙の記事で、徹底的に古生物学者を侮辱した。[20]彼はインタビュアーに次のように語った。

「古生物学者の悪口を言いたくはないが、彼らは本当によい科学者ではない。彼らは、そう、切手収集家に近いのだ」

また、クレメンスが発見したアラスカの恐竜化石については、「クレメンスは堆積岩の地層を解釈する能力がない。彼の批判は、ただの無能という理由で却下できる」と答えた。絶滅論争は、もはや底の見えぬ暗い深淵に沈んでいた。

そして、この記事はショッキングな内容で締めくくられていた。七六歳のルイス・アルヴァレスは末期の癌にかかっているという。

「私が反対論者に対してこのようなことを言えるのは、これが私の最後の万歳であり、真実を語る必要があるからだ。私だって彼らを軽蔑したくはないが、そうされて当然だろう。彼らは科学的ナンセンスを公表し続けているのだから」

一九八八年一〇月。第二回目となるスノーバード会議が開かれたが、ルイスがこの会議に参加することはなかった[21]。直前の一九八八年九月一日に、食道癌によりこの世を去っていた。

生涯最後の一〇年間で、彼が地球科学にパラダイムシフト（科学革命）を起こしたことは疑いようがない。ルイス・アルヴァレスは、前出のアメリカ科学アカデミーでの講演で、こう語っている[22]。

「ジョージ・マロリーがエベレスト登頂に際して言った有名な言葉〝そこにエベレストがあるから〟とでもしておこうか。もう少し真面目な話をするなら、数年前に私たち四人は突然、気がついたのだ。広範囲の科学領域を超えて一つにまとまり、それぞれの専門能力を生かせば、科学における最大の謎の一つ、恐竜の絶滅に光を当てられることに」

第8章 時刻

フォートペック湖畔——二〇一〇年八月

ルイス・アルヴァレスの死から、二二年の歳月がたっていた。

二〇一〇年八月七日、アメリカ西部のモンタナ州。私たちのヘルクリークでの調査は最終日を迎えていた。フォートペック湖も夜が更け、モンタナ州立大学ジャック・ホーナー隊の誘いにより、彼らのキャンプファイヤーに加えてもらった。彼らも明日、このキャンプ地を撤収するらしい。

グレートプレーンズの少し冷たく重い空気は、ふだんは見ることのできない地平線の果てに、無数の星の姿を映し出していた。ゆっくりと昇ってきた銀色の月が、フォートペック湖を照らしている。キャンプファイヤーを囲む若者たちの目は、炎に照らされて赤い。このうち誰か一人くらいは、恐竜の研究者になれるだろうか。

ふいにジョージ・スタンレー教授が、持ってきたギターを手にして弾き語りをはじめた。曲名は「ダイナソー・ブルース」。絶滅した恐竜の悲哀を歌う、彼のオリジナル・ソングだ。本書のタイトルは、この曲名を借りたものである。もっとも、恐竜絶滅の謎に翻弄され、悲哀とか憤慨とか、負の感情に振り回される研究者の人生のほうが、ブルースのイメージに近いかもしれない。

フィールドに出るたびに、地層を観察することの難しさを思い知らされる。ルイス・アルヴァレスによる天体衝突理論が登場した一九八〇年よりも前から、K／Pg境界はずっと変わらずヘルクリークにあった。しかし、衝突に由来する粒子がこの地の地層に含まれていることには、誰一人として気がつかなかった。

ところが衝突理論が広まると、それまで地質学者に見えなかったものが、突然見えるようになったのだ。特にヘルクリークには、光学顕微鏡でも確認できる大きさの〝衝突の証拠〟となる粒子、「衝撃変成石英」や「ニッケルに富む磁鉄鉱」などが残されている。

心のもちかた一つで、まったく見えなかった物質が、誰の目にも見える形で具現化する。地層は見るたびに新しい発見があり、私はいつもそれを不思議に思う。

本書で容疑者Aと呼んでいる天体衝突は、はっきりとその足跡を地層中に残している。私はここまで、三〇年以上前に起こった科学論争の経緯を追いかけてきた。現在の知識をもって冷静に見ると、天体衝突説をめぐる当時の狂騒は「マントルや隕石にかんする化学的知識の乏しさから引き起こされた」とみなせるかもしれない。ほどなく発見されるスフェルールや衝撃変成石英などの、衝突が大気中に撒き散らした鉱物粒子の報告を待たずとも、K／Pg境界で衝突が起こったことは動かしようがない事実であったように思う。

では、「そうだったんだ物語」の一つとして片づけられてしまった、デューイ・マクリーンのデカン・トラップ火山説はまちがいだったのだろうか。「否。実際にデカン火山活動はK／Pg境界で起こっているじゃないか」と自分に言い聞かせ、私は目の前にあるヘルクリークの地層に向き合う。

だが、そうかたく信じて地層を観察したところで、残念ながらその痕跡はヘルクリークからは見つかりそうにない。地球の裏側、インドで噴火した火山に起源をもつ鉱物はむろん、この地には存在しないだろう。私の心は閉じたままである。まだなにも見えない。

かつてマクリーンは、デカン火山活動とイリジウム異常を結びつけようともしたが、これは失敗に終わった。火山活動では、ラマチャンドラン・ガナパシーが示した「白金族元素の異常」を説明できなかったのだ。

しかし、思い出してほしい。ウォルター・アルヴァレスがK－TEC2会議で発言したように、デカン火山活動は、K／Pg境界粘土層の堆積より前に噴出を開始していた。

K／Pg境界より前？ それはどれくらい〝前〟なのだろうか。もしかしたら、かぎりなく白亜紀の終わりに近い時代に噴出し、ヘルクリークの地層の「三メートルのギャップ」をつくる原因となったのではないか。そうであれば、白亜紀の終わりに起こったとされる漸進的絶滅も説明できるかもしれない？

それでは、地球の裏側などの遠く離れた場所で火山活動がいつ起こったかを、地層から正確に知ることはできるだろうか。じつは、海底で堆積した地層であれば、ある元素の鑑識によって火山活動や天体衝突が起こった「時期」と「規模」を推定することが可能である。

その元素の名は、オスミウム。地層に対する私の見かたは、地球上にはほとんど含まれていないこの白金族元素の一つとともに、劇的に変化した。

まずは、オスミウムをめぐる私の研究室の昔話に、少しだけおつきあい願いたい。そのあとで、

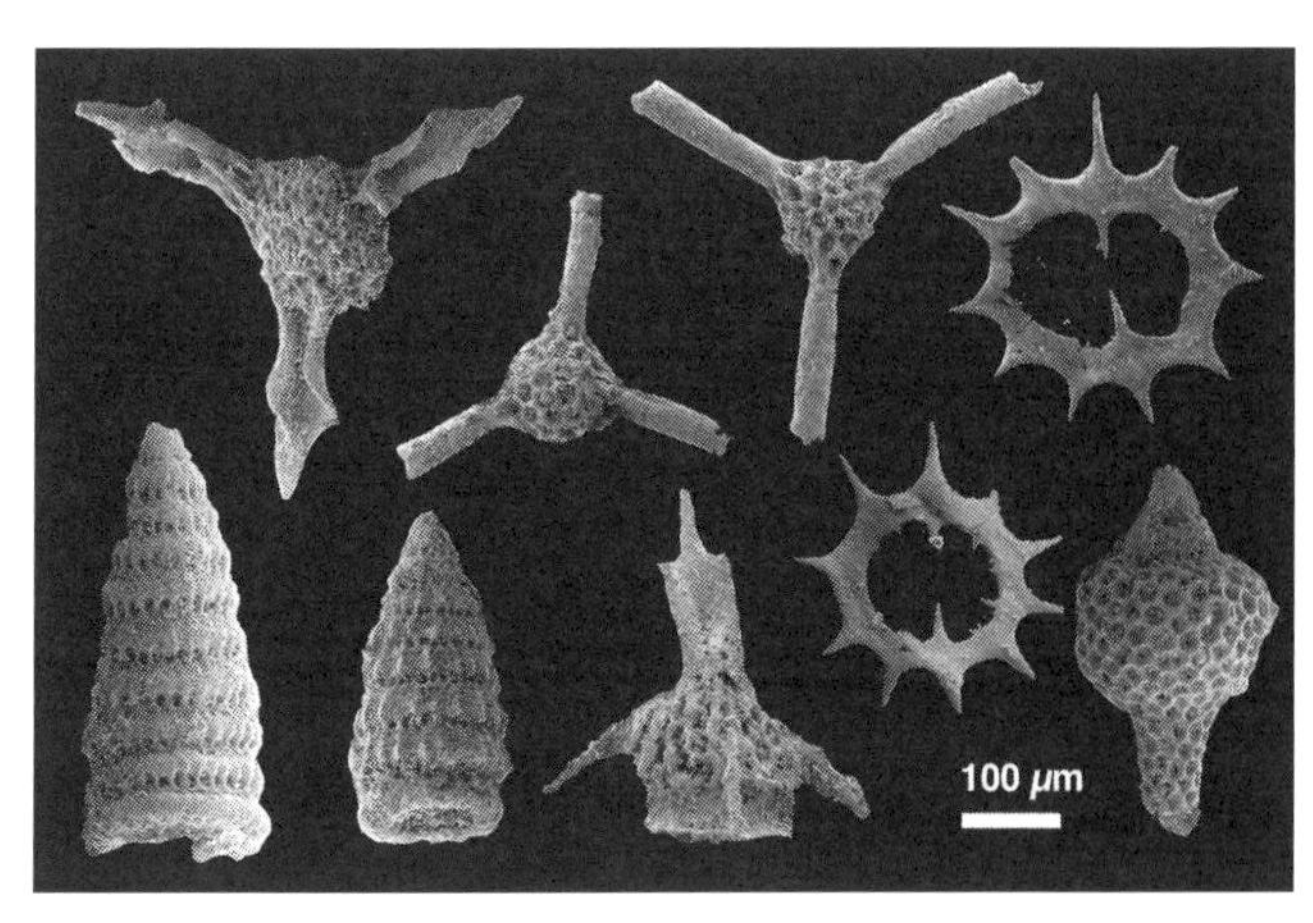

図21　放散虫化石（後期三畳紀）の電子顕微鏡写真

ふたたび三〇年前にさかのぼり、容疑者Aと容疑者Bの犯行時刻をあぶり出してみよう。

放散虫化石

論文を出すスピードが重視される昨今においてはありえないことだが、遅々として進まない研究を楽しむことができるシーンがある。それはあたかも、ドリップコーヒーの一滴一滴を眺めながら、完成する一杯の味と香りを想像して待つような、ひとときの安穏に似ている。顕微鏡を覗いているあいだは、そんな格別の時間である。

私は「放散虫」と呼ばれるプランクトンの化石を研究している。世界の海洋の表層に分布するこの原生動物プランクトンは、海に溶けたケイ素を使って、二酸化ケイ素の殻をつくる。球状のものやロケット型、ディスク状のものなど多様な形の殻をもつが、いずれにせよ大きさは〇・一〜〇・二ミリ程度と小さく、顕微鏡を使わないと形態を識別できない。

二酸化ケイ素の殻は、放散虫が死んだあとは堆積物に埋没し、化石として残される。そのため、放散虫が最初に現われた五億年前よりあとの時代なら、海底に堆積してできた地層からもそれらの化石が見つかる。

私がいつも行なっている研究の一つに、この放散虫の化石を利用した地層の年代決定がある。放散虫は進化速度が速く、時代ごとに異なる形態を示すため、地層の年代を調べるにはもってこいのツールなのだ。また、放散虫化石の進化や絶滅の記録を調べることで、過去の海洋環境の変化がわかる。私が得意とする三畳紀（約二億五〇〇〇万〜二億年前）という時代なら、どの放散虫化石が出る時代に、どのような環境変化があったか、おそらく誰よりも詳しく解説することができる。

そして、私には昔から気になることがあった。顕微鏡で放散虫を眺めていると、ごくまれに、きれいな球形の黒色の微粒子がまぎれていることがある。大きさは放散虫よりさらに小さく、〇・〇二ミリほどしかない。完全なる真球で漆黒、無機質。〝生物的な匂い〟はまったく感じない。

運よく私は、この粒子がなんなのか、ある程度は見当がついていた。大学院生のときに指導教員から話を聞いたことがあったのだ。

その正体は、先にも登場した「宇宙塵」である。私が取り扱う堆積物は深海で非常にゆっくりと堆積してできたものなので、宇宙塵が濃集していたのだ。

しばらくは「そんなこともあるだろう」と、宇宙塵の存在について深く考えなかった。現在の深海底からも宇宙塵は見つかるので、同様の場所で形成された堆積岩に含まれていてもなんら不思議はない。

転機

しかし二〇〇八年を境に、この球状粒子の存在が急に気になりはじめた。きっかけは、当時在籍していた鹿児島大学の研究プロジェクトである。このとき鹿児島大学では、「銀河生命学」をテーマとした野心的なプロジェクトが進められていた。私も参加することになったものの、自分の専門である地層の研究から、宇宙について知る手がかりを得ることは容易ではない。

そんなとき、放散虫とともに堆積岩に含まれる宇宙塵は、過去の太陽系の情報を内包しているのではないかというアイディアが浮かんできた。生物の化石からは、生命の進化や地球の歴史があきらかにされる。であれば、地層中に残された〝宇宙塵の化石〟からは、太陽系の物質進化や太陽系そのものの歴史があきらかにできるのではないか。

当時、科研費（日本学術振興会の科学研究費補助金）の獲得に三年連続で失敗したため、半ばやけくそでこの研究を開始することにした。研究室の学生たちが大いに力を貸してくれて、彼らとともに来る日も来る日も、宇宙塵の候補となる球状粒子を集め続けた。

そして二〇〇九年、ある程度の数の粒子が集まった段階で、宇宙塵研究の専門家である九州大学の中村智樹氏に共同研究を申し入れた。中村氏は小惑星探査機「はやぶさ」のサンプルリターン計画で忙しかったはずだが、快く共同研究を受け入れてくれた。研究は一気に進展し、過去の地球に降下した宇宙塵の量や、鉱物学的な特徴を調べることが可能になった。[1]

次に私の研究室では、地球に流入する宇宙塵の量はいつも一定ではなく、突発的に宇宙塵が流入するイベントがあったのではないかというアイディアのもと、いくつかの時代について検討を始めた。とりあえず、年代がよくわかっている三畳紀から研究をスタートしよう。それから、時代範囲を広げていけばよい。

謎の黒色粒子

「いったいこれはなんだろう?」

佐藤峰南(ほなみ)は自分の実験結果に、わけがわからず、ただ驚いていた。二〇〇九年五月。当時、鹿児島大学の四年生で私の研究室の所属だった彼女は、直径が一センチほどのシリコンチューブの中に、おびただしい数の黒色粒子を見た。

佐藤氏が行なっていたのは、地層中から宇宙塵を集める実験だ。地層を粉にした試料を、水と一緒にこのシリコンチューブに通す。ちょうどチューブをはさむように両側に配置された強力なネオジム磁石に磁性鉱物がトラップされるしくみだ。宇宙塵などの地球外物質は「磁鉄鉱」を含むので、この装置を使えば地層に含まれるそれらの候補を回収できる。しかし、いま目の前で見ているような〝大量の地球外物質〟が地層中に入っているとは、ふつうは考えられない。

彼女はさっそく粒子を回収し、電子顕微鏡で観察してみた。これまで見たこともない、奇妙な形をした磁鉄鉱だ。四面体や八面体、テトラポットのような形をしたものもある。大きさは五ミクロンほどで、非常に小さい。

次に、磁鉄鉱粒子の元素分析を行なった。粒子に電子線を照射することで発生する蛍光X線の元素スペクトルは、七・五キロエレクトロンボルトの位置に明瞭なピークを示した。

マウスを操作する彼女の手が震えた。ニッケルだ。〝ニッケルに富む磁鉄鉱〟だ。

ふつうの磁鉄鉱は、地球上の火山岩や堆積岩にも、ごくありふれた粒子である。しかし見つかった磁鉄鉱は、地球外物質に豊富なニッケルを多く含む一方で、地球上の岩石には多かれ少なかれ含まれるはずのチタンを、ごくわずかしか含まなかった。そしてこのような特徴の磁鉄鉱は、世界各地のK／Pg境界から報告されていた。つまり、彼女が見つけた磁鉄鉱は、天体衝突に起源をもつ可能性があることになる。[2]

日本の〝天体衝突〟

ニッケルに富む磁鉄鉱を含むこの地層は、いったいどこから見つかったのか。

岐阜県と愛知県の県境を流れる木曽川は鵜飼いで有名だが、私たち地質学者のあいだでは、非常に硬い「チャート」と呼ばれる岩石が露出していることで知られている。木曽川のチャートは、日本からははるか遠く離れた古太平洋の深海底で、約二億四〇〇〇万～一億七〇〇〇万年前に堆積した地層だ。

チャートは、放散虫の死骸が深海底に堆積することによって形成される。かつて太平洋で堆積したチャートは、海洋プレートの移動により現在の日本の位置まで移動する。そして大陸に押しつけられて隆起したものが、現在の木曽川などで観察される。佐藤氏は、岐阜県坂祝町（さかほぎちょう）の木曽川沿いに広く分

図22　ニッケルに富む磁鉄鉱の電子顕微鏡写真

布する「後期三畳紀」と呼ばれる時代のチャートから、ニッケルに富む磁鉄鉱を発見したのだ。

繰り返しになるが、このニッケルに富む磁鉄鉱の存在は、天体衝突を示唆している。そしてこの磁鉄鉱は、硬いチャートにはさまれた厚さ五センチほどの粘土層から見つかったことも特徴的だった。そしてこの粘土層をじっくり観察すると、大きさが〇・二ミリほどの球状粒子、スフェルールも見つかった。いよいよ天体衝突の可能性が高まった。


まずはイリジウムから測定してみよう。当時、宇宙塵の共同研究を行なっていた中村智樹氏と茨城大学の野口高明氏の提案で、日本原子力研究開発機構の装置を使ってイリジウム濃度を測定することになった。あのルイス・アルヴァレスも行なった中性子放射化分析だ。

試料を送付してからしばらく経ったある日、原子力機構の大澤崇人氏と初川雄一氏から分析結果が届いた。結果を見た佐藤氏は仰天した。含まれていたイリジウム濃度は、四二ppb。イタリア・グッビオのK/Pg境界の値、五・五ppbをはるかに超える濃度だったのだ。

しかし、焦ってはいけない。ラマチャンドラン・ガナパシーが示したように、イリジウムのほかにルテニウム、白金といった白金族元素の濃度も測定しなければ、天体衝突によるものとは断定できない。佐藤氏は、首都大学東京の海老原充氏と白井直樹氏の研究室で分析を行なった。かつてシカゴ大学のエンリコ・フェルミ研究所にも在籍していた海老原氏の研究室では、非常に高い精度で白金族元素の定量分析が可能だ。

結果は、またしても驚くべきものであった。測定したすべての白金族元素が、磁鉄鉱の見つかった粘土層で、周辺の地層にくらべて五〇〜二〇〇〇倍という超高濃度で含まれていたのである。[3] さ

図23　木曽川沿いに露出するチャート（岐阜県坂祝町）

らに彼女は、同じ時代に堆積したチャートが分布する大分県津久見市の地層からも、白金族元素の濃集層を発見した。[4] これらの発見により、この時代に天体衝突が起こったことは、もはや確実となっていた。

だが彼女は、さらに慎重に事を進めた。そもそも、天体衝突により形成された「イジェクタ層」（粘土層）は、過去六億年で六六〇〇万年前のK／Pg境界と三五〇〇万年前の始新世後期以外からは報告されていない。高濃度の白金族元素が、本当に宇宙からきたものであると証明するためにはどうすればいいか、彼女は考えていた。

オスミウム

二〇一〇年、海洋研究開発機構の黒田潤一郎氏は、地質学の一流雑誌『ジオロジー』に一編の論文を発表した。私は、ある元素分析方法の存在をこの論文で知り、すぐに黒田氏と連絡をとった。彼が研究していた同位体元素、それがオスミウムである。

「オスミウム」（Os）と呼ばれる原子番号七六の白

図24　後期三畳紀のイジェクタ層（粘土層）

金族元素は、天体衝突の証明においてイリジウム以上に重要な元素である。その大きな特徴として、中性子の数が異なる七つの同位体（質量数一八四、一八六、一八七、一八八、一八九、一九〇、一九二）をもつ。そして、地球に落下するコンドライト隕石は地球表層の大陸地殻に比べてオスミウム同位体比（$^{187}Os/^{188}Os$）が一桁低いことが知られている。[5]

地球深部からもたらされるマントル起源の物質も、コンドライト隕石と同様にオスミウム同位体比が低いが、オスミウム濃度は隕石の一〇〇分の一程度なので、オスミウムの超異常濃集層をつくることはできない。

海洋研究開発機構の野崎達生氏と鈴木勝彦氏の協力のもと、佐藤氏は岐阜県坂祝町および大分県津久見市の二か所の粘土層について、オスミウムの濃度と同位体比の化学分析を行なった。その結果、粘土岩中には、オスミウムが地球表層の値に比べて二桁ほど高い濃度で含まれることがわかった。さらに同位体比の測定では、コンドライト隕石に特有の低いオスミウム同位体比が示された。

これらの分析結果は、巨大隕石の衝突により蒸発した隕石由来の大量のオスミウムが海洋に供給され、最終的に深海底の堆積物中に固定されたことを意味していた。

では、発見されたような低いオスミウム同位体比を記録する粘土層は、どれほどの大きさのコンドライト隕石が衝突して形成されたのだろうか。天体衝突で海水中のオスミウム同位体比がどれくらい低下したか、堆積物から見積もられる低下幅を用いて隕石のサイズを計算できる[6]。佐藤氏の計算では、直径三・三〜七・八キロメートルと見積もられた。これは、地球史のなかではK／Pg境界の直径約一〇キロメートルに次ぐ巨大なサイズだ。

彼女はこれらの成果をまとめて『ネイチャー・コミュニケーションズ』に投稿した。初めての国際誌への論文投稿が一流雑誌になってしまった彼女は、当時をこう綴っている[7]。

> 編集者から「査読にまわした」と連絡がくるまで、私の睡眠時間は四時間をきっていました。夜中になると、イギリスの時間が気になり、メールの更新ボタンを何度も押してしまっていました。約一ヶ月後に三人の査読者からコメントが届いてからは、また怒濤の日々の始まりです。再分析のため粉末サンプルを作り直し、もう一度野外調査に行き、海洋研究開発機構でオスミウム同位体分析を行いました。そして、それを論文に加筆し、査読者のコメントに答える……私の脳みそは毎日沸騰しっぱなしで、お風呂に入ると明らかに抜け毛が多くぎょっとしました。

苦労の甲斐あって、彼女は最終的に、後期三畳紀という時代に起こった天体衝突の強固な証拠を得ることに成功した。[8]

犯行時刻の推定

オスミウム同位体を利用すれば、白金族元素の起源を知ることができる。

このようなアイディアは、一九八三年にすでに試されていた。イェール大学の地球化学者カール・トゥレキアンは、オスミウム一八七と一八六の比から、ルイス・アルヴァレスの天体衝突説を検証した。トゥレキアンはもともと、ありふれた地殻物質の同位体比になることを期待していたが、結果はK／Pg境界のオスミウム同位体比がコンドライト隕石の値に近いことを示していた。[9] のちに彼は、ルイスの衝突説が正しかったと認めた。

その二〇年後、ふたたびオスミウム同位体比にかんする研究が行なわれる。ハワイ大学の地球化学者グレゴリー・ラヴィッツァは、太平洋とインド洋の海底から掘削されたコア試料を使い、オスミウム一八八に対する一八七の同位体比を調べた。[10] 佐藤峰南氏らが行なった検討と同じである。

その結果、オスミウム同位体比はK／Pg境界の約三〇万年前から徐々に低下していることがあきらかになった。さらに、K／Pg境界に入るとシャープかつ急激に下落し、コンドライト隕石のもつ同位体比の値あたりまで低下した。

K／Pg境界でコンドライト隕石に近い値までオスミウム同位体比が低下することは、天体衝突による影響だと容易に解釈できた。注目すべきポイントは、〝K／Pg境界の三〇万年前から徐々に低下しはじめた〟という新事実である。

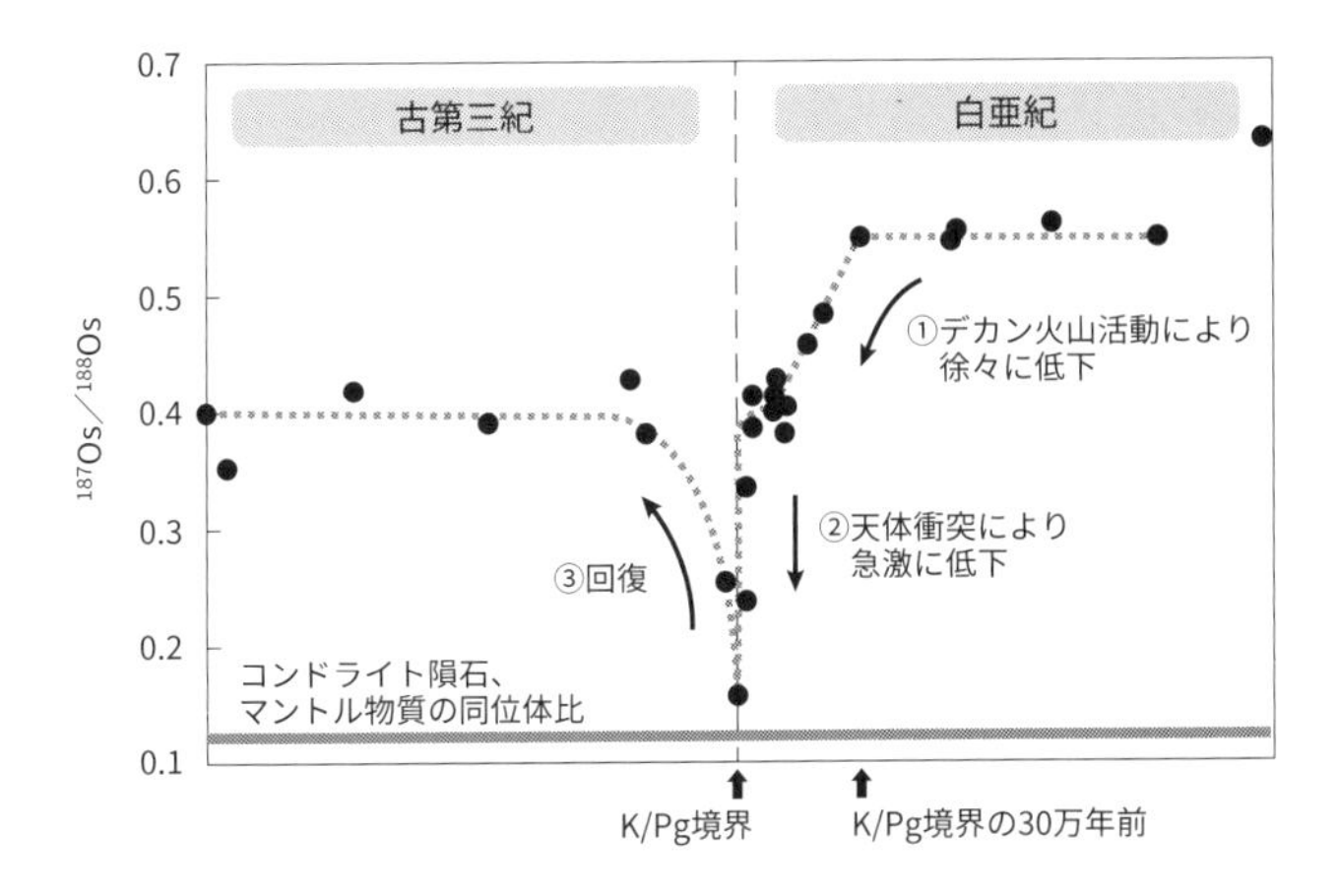

図25　K/Pg境界の30万年前にデカン火山活動が
始まったことを示すオスミウム同位体比

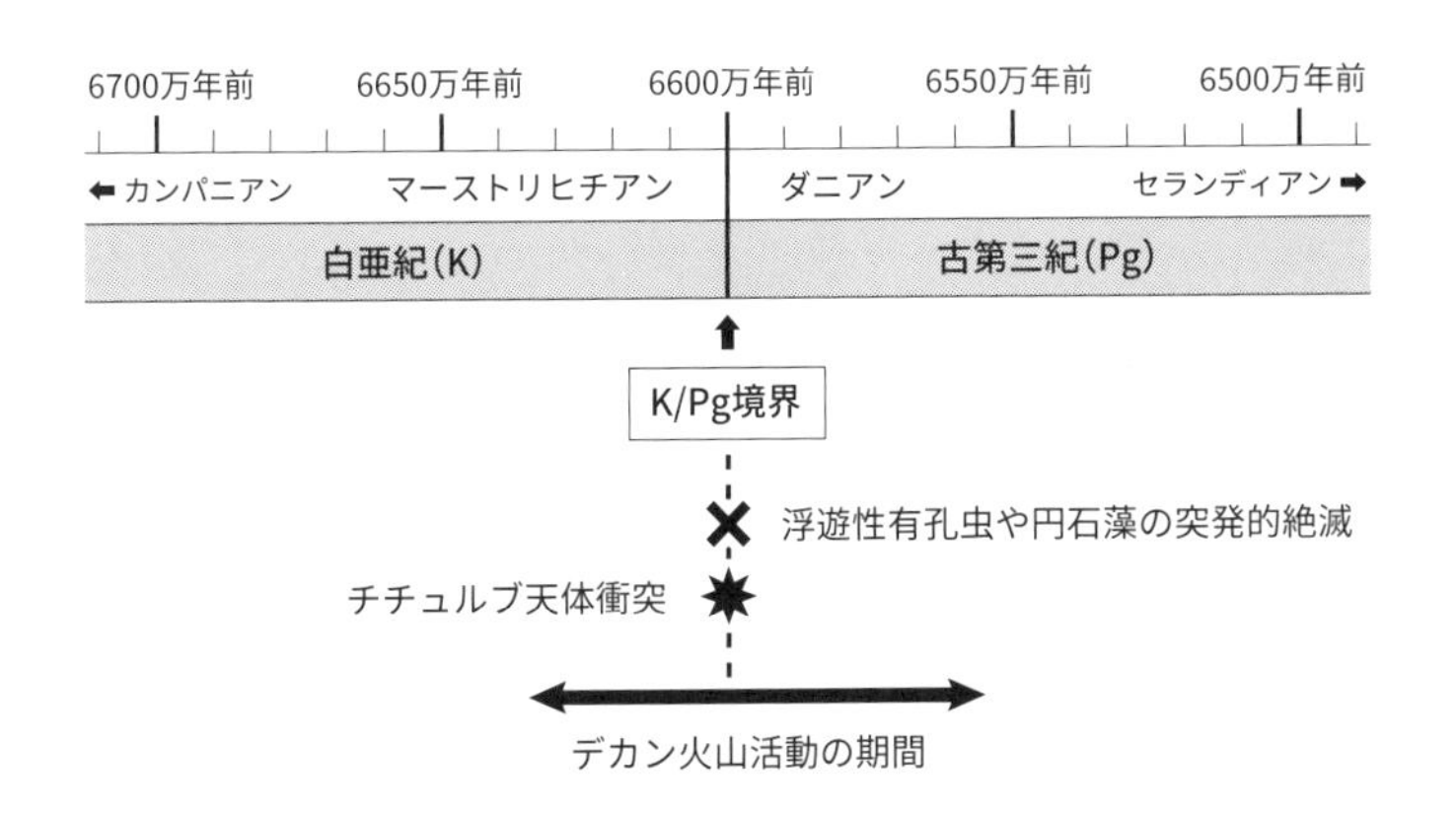

図26　K/Pg境界、天体衝突、デカン火山活動の年代関係

その理由としてラヴィッァは、風化しやすいデカン・トラップの洪水玄武岩が陸上に露出したことで、低い同位体比をもつマントル起源のオスミウムが海洋に流入したのだと考えた。つまり彼の検討によれば、デカン・トラップの洪水玄武岩は少なくともK／Pg境界の三〇万年前から噴出を開始していた。

こうして、正確な数値がはじき出された。デカン火山活動（容疑者B）は、K／Pg境界の三〇万年以上前に始まった。一方の天体衝突（容疑者A）は、K／Pg境界の年代とぴったり一致して起こった。ルイス・アルヴァレスやヤン・スミットが指摘した、K／Pg境界での浮遊性有孔虫と円石藻の〝突然の絶滅〟を引き起こした犯人として疑うべきは、容疑者Aだろう。

ラヴィッァの研究は、もう一つおもしろい指摘も行なっている。デカン火山活動が始まった、K／Pg境界の三〇万年前から、気温と海水温もほぼ同時に上昇したというのだ。彼はその原因を、デカン火山活動により放出された二酸化炭素に起源があるのではないかと考えた。このことは、あとでもう一度議論しよう。

オスミウム同位体の研究からわかったことは、二つある。一つは、K／Pg境界で確実に天体衝突が起こっていること。もう一つは、デカン火山活動が少なくともK／Pg境界の三〇万年前に始まっていたこと。これらの時間関係は、もはやまちがいない。

以後はこの事実をふまえて、

〈天体衝突によって、大量絶滅は起こったか？〉

という謎に挑戦してみよう。

特にルイス・アルヴァレスの死後、衝突説支持者の前に立ちふさがった〝新たなライバルたち〟との議論を中心に追いかけていく。さらに続いていく激しい議論の奥底に、この残された謎を解決する手がかりがあるはずだ。

第9章
偽装

火種

その日の会場は落ち着きがなかった。

二〇一四年一〇月二一日、バンクーバー国際会議場で行なわれたアメリカ地質学会の三日目。プリンストン大学の女子学生が、深海の堆積物に記録されたK／Pg境界について発表している。会場の後方には、下を向いてニヤニヤしたり、わざと彼女に見えるように「やれやれ」と手の平を上にあげる仕草をしたりする聴衆が見られる。私の座席の前方には、ハンチング帽をかぶったウォルター・アルヴァレスや、ひときわ体格のよいヤン・スミットの姿がある。彼らの目的は、この発表ではない。次だ。

学生の話が終わり、続いてその指導教員が講演者として登壇すると、会場は静けさを取り戻した。少しでもよく見えるように、私は首を伸ばした。名前は知っていたが、姿を見るのは初めてである。

彼女があのゲルタ・ケラーなのか——。

プリンストン大学の古生物学者ゲルタ・ケラーは、私の想像とは正反対の、小柄で弱々しい印象の女性だった。ブロンドというより銀色に近い髪は、肩でまっすぐに整えられている。年齢は七〇に近いが、見た目はずっと若い。講演を始めた彼女の声のトーンは低く、迫力は感じられない。

一九八八年にルイス・アルヴァレスが亡くなったあと、天体衝突絶滅説に真っ向から対立し、抵抗勢力の先鋒を務めてきた人物だとは、とうてい思えなかった。ケラーはこれまで三〇年近くにわたり、天体衝突はK／Pg境界に先立って起こった、したがって衝突による大量絶滅はなかったと主張してきた。

彼女は異端者として扱われ、ときにその人格や経歴までもが非難された。しかし彼女が攻撃の手を緩めることはなかった。抵抗こそ、彼女の人生そのものである。

ケラーの数奇な経歴

ケラーは一九四五年、スイスの酪農家の娘として生まれた[1]。一二人兄弟の六番目に生まれた彼女の家は、とても裕福とはいえなかった。学校で使う教科書はいつも兄のおさがり。冬には氷柱(つらら)ができる家の寒い屋根裏部屋で、姉妹とベッドを共有して眠っていたという。

一九五〇年代は、女子が科学を学ぶことは適切でないと考える風潮が強かった時代である。男子が物理学や化学の授業に出ているのに、彼女たちは〝よい主婦〟になるため、料理や掃除を学ばなければならなかった。ケラーも例に漏れず、一四歳のときに裁縫の職業訓練校に入る。この頃から彼女は、社会や自分自身の境遇に不満を抱くようになる。

彼女は当時、片道五キロの通学路を自転車で通っていた。もちろん、スイスの冬の寒さは厳しい。にもかかわらず職業訓練校は、女性らしくという理由からだろうか、冬でもスカートの着用を義務づけていた。彼女はこれを強く拒んだ。学校はケラーの態度を問題とみなし注意したが、彼女は校則にこそ問題があると考え、学校の女子を集めて抵抗勢力を組織した。彼女はこの小さな戦いに勝利し、以後、学校では女子も暖かいズボンを着用することができるようになったという。

一七歳でフランスのファッションデザイナー、ピエール・カルダンの縫製工場で仕事をしてみたが、ここにいても未来がないと感じた彼女は、バックパックを背にして世界へと旅に出る。一九六四年、ケラー一九歳のときである。

イギリスでは仕事のかたわら英語を学び、その後スペイン、北アフリカへと旅をした。資金を稼ぐためウェイトレスの仕事をしたり、ときには自身の血液を売ったりもした。ケラーは「周囲からはボヘミアンと呼ばれていたけど、実際は先取りしたヒッピーだったわ」と回想している。オーストラリアではシドニーに滞在し、看護師の資格を取得するはずだった。しかしここで、とんでもない悲劇が彼女を襲う。

ある晴れた日、シドニー市内で銀行強盗が発生した。強盗が逃走のために目をつけたのは、不運なことに、ケラーの運転するフォルクスワーゲンだった。強盗は彼女を車から引きずり下ろし、ライフルを発砲した。銃弾はケラーの腕、さらには両方の肺を貫通し、何本かの肋骨を破壊した。すぐに病院に搬送されたが、彼女が死の間際にあることは誰の目にもあきらかだった。病院は司祭と修道女を呼び出した。意識が朦朧とするなかで彼女が見たのは、生前に犯した罪の告白をすすめる司祭の姿だったという。しかし彼女は「告白することなどなにもない」と拒んだ。生きることをあきらめていなかったのだ。そして、奇跡的に死の淵から生還した。

しかしこの経験は、彼女の心に大きな傷を残した。ケラーは事件のあと、銃声音を聞くとパニックに陥るようになったという。

一九六八年、アメリカのサンフランシスコにやってきたケラーは、高校卒業と同等の資格が与えられる認定試験に合格した。もともと聡明であった彼女は、奨学金やパートタイムの仕事で授業料を賄いながらサンフランシスコ州立大学を卒業。ここで地質学に出会い、その後、名門スタンフォード大学へと進学し、地質学と古生物学の博士号を取得した。学位取得後はアメリカ地質調査所に勤務し、一九八四年、カリフォルニア大学バークレー校の数学教授であった夫のアンドリュー・マジダとともに、プリンストン大学に着任した。

ハイエタスと絶滅

K／Pg境界の研究に本格参入したゲルタ・ケラーはまず、浮遊性有孔虫が突発的に絶滅したとするヤン・スミットの見解に真っ向から反対した。彼女が突発的絶滅説に抵抗する理由は、それまでの研究経歴から浮かび上がってくる。

スタンフォード大学で学位を取ったあと、ケラーはおもに深海の堆積物を研究してきた。中新世（二三〇〇万～六〇〇〇万年前）と呼ばれる時代の有孔虫化石が、彼女の専門である。太平洋や大西洋の堆積物から見つかる浮遊性有孔虫の化石に含まれる炭酸カルシウムの酸素同位体を調べると、化石ができた当時の海水温を知ることができる。彼女はこの分析を通じて、堆積物中のハイエタス（地層の欠如）が、いつも寒冷期に起こっていることを突き止めた[2]。

地球規模の寒冷化により、高緯度海域で冷たく重い海水が沈み込む。その結果、海底付近の海水の流れ（底掃流）が発達する。この強い流れで深海では堆積物が削り取られ、ハイエタスが作られる。

これがケラーの説だ。

「有孔虫」という古生物学的視点、「酸素同位体」を使った地球化学、堆積学の「ハイエタス」を結びつけた、みごとな研究成果である。この研究手法が過去の海洋環境の解読に役立つことを見抜いた彼女は、より古い時代の堆積物へと研究フィールドを移していく。そして、中新世より前の「鮮新世」や「始新世」の研究に差しかかったところで、彼女は大きな発見をする。

ケラーは始新世の堆積物から、天体衝突により形成されたガラス質の球状微粒子「マイクロテクタイト」を見つけたのである。[3] マイクロテクタイトは、ある時代範囲で何層にもわたって見つかった。このことは、ある特定の時代に天体衝突が繰り返し起こったことを意味する。いわゆる「多重天体衝突」である。

彼女がこれを報告した前年の一九八二年には、ウォルター・アルヴァレスとラマチャンドラン・ガナパシーも同時代の天体衝突の証拠を競うように報じていた。ウォルターは、この衝突もK／Pg境界と同様に、始新世の終わりにみられる絶滅イベントと深い関係があると推測した。

ケラーはさっそく、始新世の多重天体衝突と浮遊性有孔虫の絶滅について検討した。太平洋、大西洋、インド洋の深海底から回収された地層のコア試料を調べたところ、始新世の絶滅は、いつも寒冷期のハイエタスにともなって起こっていたことがあきらかになった。つまり地球規模の寒冷化が、浮遊性有孔虫を絶滅に導いていたのである。さらに、彼女の解析によれば、多重天体衝突のタイミングでは有孔虫の絶滅はまったく見られないという。

この結果はいまでも支持されており、始新世の多重天体衝突は、生物の絶滅とは無関係であった

図27　始新世後期の多重天体衝突により形成された複数のイジェクタ層（矢印）（イタリア・アンコナ南東約10キロ）

と考えられている。そう、K／Pg境界ではないが、彼女はこのとき一度、アルヴァレスらによる天体衝突理論を退けていたのだ。

この発見により一気に名声を得たケラーは、さらに古い時代の有孔虫研究へと突き進んでいく。そしてたどりついたのは、大議論が巻き起こっていたK／Pg境界である。それまでの研究成果に自信があった彼女は、確信していたに違いない。「天体衝突は海洋生態系に影響をおよぼさない。始新世と同様に、ほかの研究者は深海のハイエタスを見落としている。詳細な分析が足りないだけなのだ」と。

参戦

ルイスが亡くなった一九八八年、ケラーはK／Pg境界の浮遊性有孔虫化石について一編の論文をまとめあげた。この論文が発表される前は、K／Pg境界における浮遊性有孔虫は「突発的に絶滅した」と考えられていた。ヤン・スミットによると、この境界を生き延びた浮遊性有孔虫はただ一種であり、境界以降に見られる種は、すべてこの一種から進化したものとさえ考えていた。[4] ケラーはスミットの見解に真っ向から反対した。

彼女が手始めに『マリン・マイクロパレオントロジー』という微化石の専門誌に提出した論文の内容は、いささか過激である。[5] スミットの有孔虫研究の本拠地であるチュニジアのエル・ケフに単身で乗りこんだケラーは、スミットとまったく同じ場所、同じ地層のサンプルを使って、彼とは一八〇度反対の見解を打ち出したのだ。

論文でケラーはこう主張した――エル・ケフのK/Pg境界では、一二種の浮遊性有孔虫がイリジウム異常より前に絶滅している。そして一〇種の有孔虫は、古第三紀まで生き延びている。つまり天体衝突は、有孔虫絶滅の理由にはならず、いくつかの複合的な環境変動、たとえば火山活動や海水面の変動などが要因として考えられる。

まったく同じ場所で研究をしてきたスミットは、約三〇種の白亜紀の浮遊性有孔虫のうち、一種だけが生き残り、残りはK/Pg境界で絶滅したと結論づけていた。浮遊性有孔虫の突発的絶滅は、一九六〇年代からすでに知られている事実であり、たとえばテキサス州のブラゾス川に見られるK/Pg境界でも、三六種のうち一種しか生き延びていないと報じられていた。[6]

しかし、遅れて参戦したケラーは、そのような〝一度の絶滅〟は見られないという。彼女によれば、K/Pg境界付近における白亜紀の浮遊性有孔虫の絶滅は、四段階で起こった。第一段階の絶滅は境界直前（約一一パーセントの種が絶滅）、第二段階の絶滅は境界で（約四六パーセント）、第三段階は古第三紀に入った直後（約二二パーセント）、そして第四段階は古第三紀に入って少し経ってから（約二一パーセント）だという。徐々に種の数が減る「漸進的絶滅」に対して、ケラーの主張は「段階的絶滅」として区別される。

二人の専門家が同じ試料に対してまったく異なる評価を下した。いったいどちらを信用すればよいのだろうか？

じつは、この問題に決着をつける方法が一つだけある。ブラインド・テストである。

ブラインド・テスト

「君、また治験に行ってきたんだって？」

「はい、でも今回はたぶんハズレをひいてます。体調は問題ないので」

「でも、自分が何を飲まされたかは、最後までわからないんでしょ？」


大学に勤務していると、治験（治療試験）のアルバイトに参加した学生の話を聞くことがある。彼らは、医療機関が実施するブラインド・テストの被験者にみずから志願し、高額のアルバイト料を手に入れる。おもに薬効を検定するために用いられるブラインド・テストは、薬物の中身を〝被験者に知られないように〟投薬し、客観的な安全性や治療効果をたしかめるのである。

古生物学におけるブラインド・テストも、原理的にはこれと似ている。ケラーとスミットの場合、中立的な研究者によりエル・ケフから採取された試料が、〝地層のどの位置から採取されたか知られないようにして〟被験者に配布される。この場合の被験者とは、ケラーとスミット以外の有孔虫研究者である。

被験者たちは、化石種の鑑定作業を機械的に淡々と行なう。試料が地層のどの位置から取られたかわからないため、スミット説、ケラー説のどちらが正しいかといった先入観は排除される。

第三者の有孔虫研究者によるブラインド・テストの結果は、一九九三年の第三回スノーバード会議で公表されることになっていた。会議の最終日に予定されていた報告は、あらゆる古生物学者の注目の的だった。なぜならこれは、古生物学の研究に対してブラインド・テストが実施された、世界で最初の事例だったからである。ピーター・ウォードは、「ようやく古生物学は二〇世紀に入った」と評した[7]。

そして結果が報告されたとき、スミットとケラーからは、誰も予想していなかった反応が返ってきた。なんと、両サイドともに勝利を主張したのである。第三者により検証された結果が、まったく異なる二つの説を支持するとは、どういうことだろうか?

ケラーの主張はこうだ。「それぞれの被験者は、二～二一パーセントの白亜紀の種がK/Pg境界〝以前〟に絶滅したことを示している。これは基本的に段階的絶滅パターンを追認している」[8]。たしかに四名の被験者がそれぞれ示した結果は、K/Pg境界以前に有孔虫のいくつかの種が絶滅し、なおかつK/Pg境界と古第三紀に入ってからも段階的に絶滅するというケラーの説を支持しているようにみえた。

一方のスミットは、被験者が出した結果を注意深く検討し、まったく異なる見解を示した。「被験者のデータは、絶滅が突発的に起こったことを示している。これこそまさに、シニョール＝リップス効果だ」

シニョール＝リップス効果

私の生家は熊本県の天草諸島にあり、子供の頃は近所の砂浜で潮干狩りに親しんだ。砂地の表面を少し掘ればアサリがザクザク出てくる、いま思い起こせば豊かな海である。子供の手のひらには余る大きさの、白くて表面がツルンと滑らかなハマグリもいるのだが、これはなかなか見つからない。くたびれたシャツを着た近所のおじさんが、鍬（くわ）を使って砂地を深く掘り返し、たまにハマグリを見つけては緑色のネットに放り込む。いつか自分で見つけたいと思ってはいたものの、結局そのハマグリをとった記憶はない。

私がこんな思い出話をしたのは理由がある。ここで一つの思考実験をしたいからだ。

たったいま巨大天体の衝突が起こり、地上のほとんどの生命が絶滅したとする。幼少期に潮干狩りをした砂浜は、運よく地層として後世に残ったようだ。長い長い時間がたち、未来の地質学者がこの地にやってきた。その地質学者（現在のヒトの姿をしているかはわからないが）はこう思うだろう。

「小さいアサリの化石は、天体衝突を記録した地層の直下だけでたくさん見つかる。ということは、衝突により突発的に絶滅したに違いない」

しかし、アサリよりずっと数が少ないハマグリはどうだろうか。通常はごく限られた範囲にしか露出しない地層断面では、なかなかハマグリの化石は見つからないはずだ。ようやく、衝突時の地層よりずいぶんと下のほうでハマグリの化石が見つかったら、未来の地質学者はこう解釈するだろう。

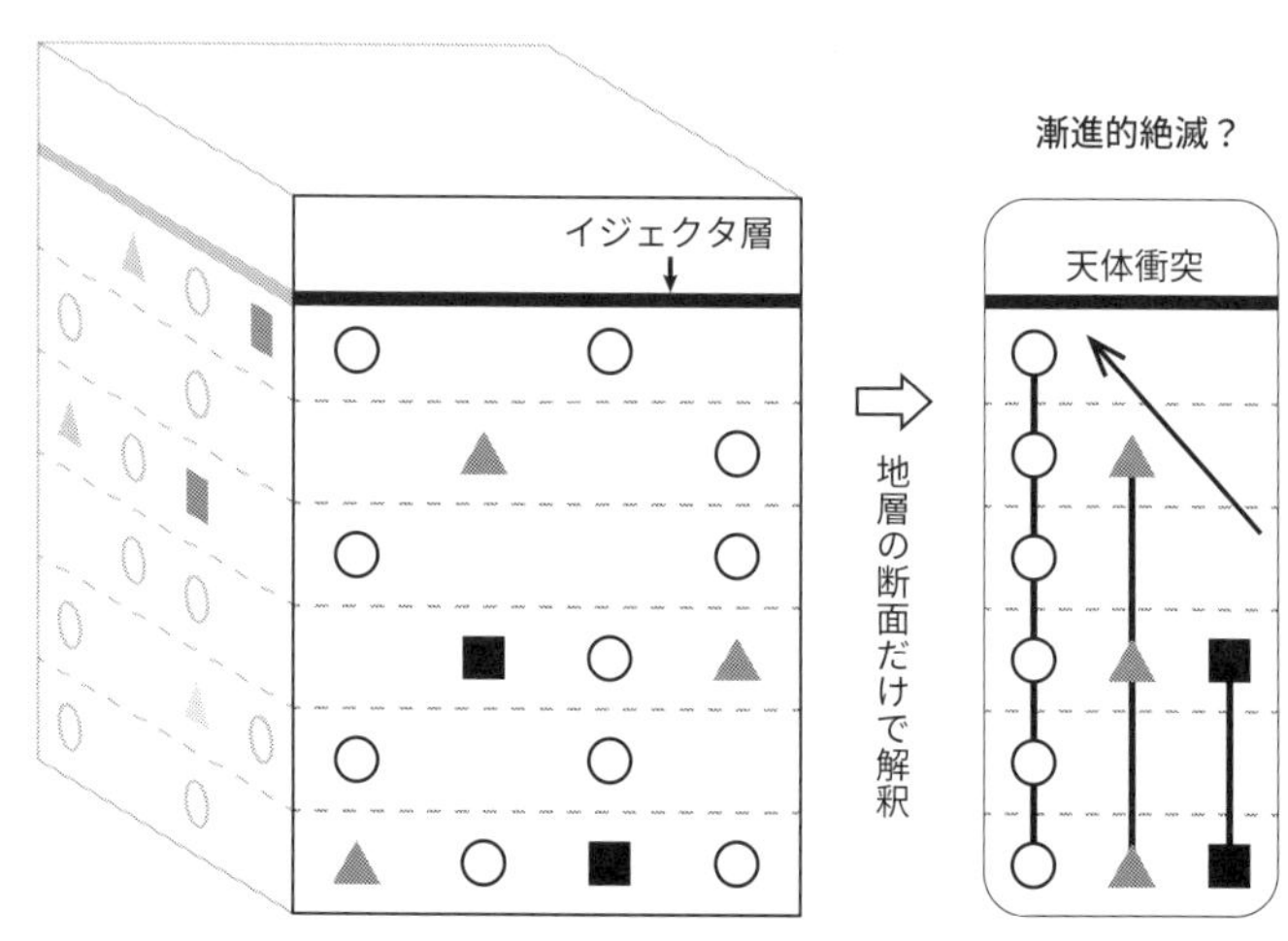

図28　シニョール＝リップス効果の模式図。地層中に含まれる○、▲、■で示した化石は、すべて天体衝突で突発的に絶滅しているが、ある地層の断面だけで解釈すると、数が少ない▲、■の化石はあたかも衝突より前に絶滅していたように見えてしまう。もし地層を奥まで掘り進めて▲や■も衝突直前まで見つかれば、真実と異なることが判明する。

「大きなハマグリは、衝突より前に、すでに絶滅していたようだ」

ここに真実と解釈に〝ずれ〟が生じる。ハマグリが衝突以前に絶滅していたとするのは、あきらかにまちがいである。これこそが「まれな化石ほど、また、試料採取が不完全なほど、その絶滅は早期に起こったように見える」という「シニョール＝リップス効果」の骨格である。

シニョール＝リップス効果は、一九八一年の第一回スノーバード会議において、カリフォルニア大学デービス校のフィリップ・シニョールとジェレ・リップスにより指摘された。この効果のせいで、絶滅が起こった時刻が少しずれたり、あるいは突発的に起こった絶滅が漸進的に起こったかのように見えてしまったりする。

理論はわかっていても、このような効果が実際にK／Pg境界の地層で起こっているかどうかを証明するのは難しい。地層の奥深くに、あるかないかもわからない化石を「数が少ないだけで、かならず見つかる！」と信じて探すのだ。子供の頃に熱中した、徳川埋蔵金を発掘するテレビ番組さながらの、時間と、資金と、労力と、ある種の狂気が必要である。

明かされたトリック

第三回スノーバード会議に話を戻そう。スミットは、ブラインド・テストで得られた四名のデータをつなぎ合わせてみた。シニョール＝リップス効果について知識のあった彼は、この影響を最小限にするため、少なくとも二名以上の被験者が発見した種だけを考えてみた。

すると、衝突以前に絶滅したとされた化石は、地層中ではまれな種であることがわかり、さらに四名のデータを合わせると、これらが〝衝突の直前〟に消滅したことが示されたのだ。ケラーが衝突より前に絶滅していたと結論づけた種のうち七種は、K／Pg境界の直前まで生きていた。

スミットは後日、『サイエンス』の科学記者リチャード・カーに次のように語っている。[9]

「全体としてみると、彼ら〔被験者〕はすべてを見つけていたのだ。海洋において〔浮遊性有孔虫が〕衝突前に絶滅した証拠は、まったくない」

カーの報告によれば、会議の参加者の多くは突発的絶滅を示すものと受け止めたようだ。しかしなお注意しなければいけないことは、これはシニョール＝リップス効果という〝解釈〟により支持された結果である。ブラインド・テストの本来の目的である、被験者それぞれの〝検証結果〟は、ケラーの段階的絶滅パターンを支持するものとなっていた。

したがってケラーが自らの説が誤りと認める理由は、なに一つなかった。彼女がエル・ケフで報告した六二種のうち、たった七種がK/Pg境界で絶滅したからといって「衝突前に絶滅が起こった証拠はない、と結論づけるのはまちがいである」と主張した。

彼女はまた、「被験者が化石の同定を誤って似たような種をひとまとめにしていたら、漸進的な絶滅が、一度の突発的な絶滅により消滅したかのように見えるのではないか」とも反論した。たしかに、四名の被験者はそれぞれ同じサンプルから有孔虫を同定したにもかかわらず、種の名前は三分の一ほどしか合っていなかったのだ。[10]

しかしこの発言――ボランティアでブラインド・テストを行なった被験者への批判――は、多くの研究者の反感を買ったことだろう。そしてこの件を境に、彼女の有孔虫分類や解釈にこそ、疑いの目が向けられはじめた。

さらに、ケラーがK/Pg境界の研究に参戦した一九八八年には、浮遊性有孔虫や円石藻以外の化石でも、突発的な絶滅を示す証拠がついに見つかった。シニョール＝リップス効果を〝証明〟する者が現われたのである。しかもそれは、当初は漸進的絶滅説の中心的役割を果たしていた古生物学者だった。

K/Pg境界の絶滅をめぐる物語は、この一九八八年を境に潮目が変わる。ケラーはただ一人、取り残されようとしていた。

第10章

証拠

向けられた銃口

ある日、私は一通のメールを受け取った。そこには、差出人の研究キャリアが「一九八〇年代の昔話」として、次のように書かれていた。

一九八〇年代前半の私は、天体衝突によるK/Pg境界の大量絶滅はありえないことだと思っていた。しかしスマイアでの研究が進むにつれて、自分の考えがまちがっていたことを悟った。

メールの差出人、ワシントン大学のアンモナイト研究者ピーター・ウォードは、一九八三年の論文で、アンモナイトはK/Pg境界より以前に絶滅していたと結論づけた。当時ウォードが調査をしていたスペインのスマイア海岸では、K/Pg境界の一〇メートル下までしかアンモナイト化石が見つかっていなかったのだ（第2章）。しかし、ついに一九八七年の夏、彼はK/Pg境界の直前までアンモナイトが生息していた証拠を発見した。そこには彼らしい発見エピソードがある。

その年までウォードは、スマイア海岸の調査を執念深く続けていた。しかし長く同じ場所で調査をしていると、地元住民といざこざが起こることもある。

　白亜紀から古第三紀にかけて詳しい年代決定をするには、ウォルター・アルヴァレスが基礎を築いた「古地磁気層序」を利用するしかない。この研究に用いる岩石試料の採取方法は、少し変わっている。エンジンドリルで岩石をくり抜き、コアと呼ばれる円柱形の試料を採取するのだ。爆音をともなって岩石をくり抜くさまはいかがわしく、コア試料を抜いたあとに残される人工的な穴も、かなり目立ってしまう。古地磁気研究では、これがしばしば地元住民とのトラブルの元となる。

　ある曇った日の午後、ウォードはスマイアの海岸でエンジンドリルを使って岩に穴をあけていた。夢中で試料採取を続けていた彼の目にふと、金属光沢の鈍い光が入ってくる。なんだろうと顔を上げた彼は仰天した。なんとスペイン兵が携えた一〇丁以上の銃口が、彼に向けられていたのである[1]。彼はつたないスペイン語でなんとか事情を説明し、その場は事なきを得た。別のある日は、地元住人がやってきて、コアをくり抜いた跡の穴の一つを指差して彼を非難した。

　このように試料の採取をめぐるトラブルが相次ぎ、スマイア海岸での調査は次第に不自由なものとなっていった。スマイア海岸を半ば追い出された格好となった彼は、スマイアのようなK／Pg境界露頭がビスケー湾の別の場所にもないか、探索を開始することにした。

　そして、このことが功を奏した。

最初の離脱者

　一九八七年、彼はスマイアから東西に一五〇キロ以上歩いて、三か所のK／Pg境界を調査する。西では、美しいビーチをもつリゾート地プレンツィアの近く。東では、国境を超えたフランス側の美しい港町アンダイエ、そして国境から東へさらに一五キロほど入ったビダールの町で調査を進めた。

プレンツィアでは粘り強く試料採取を行なったが、白亜紀最後の二〇メートルの地層からアンモナイトを見つけることはできなかった。これはスマイアでの結果と同じく、アンモナイトがK／Pg境界の少し前に絶滅したとする説を支持しているように見えた。

ところがアンダイエとビダールでは、これまでとまったく異なる調査結果が得られた。白亜紀最後の一メートルの地層まで、ぎっしりとアンモナイト化石が含まれていたのである。[2] ウォードの調べでは、アンダイエとビダールでは少なくとも一〇～一二種のアンモナイトが白亜紀末まで生息していた。

では、スマイア海岸では白亜紀最後の一〇メートルからアンモナイトが見つからなかったのはなぜだろうか。おそらく、この時期のスマイア付近の海はアンモナイトが生息できないほど深かったためであろう、と彼は推測した。[3] アンダイエとビダールはスマイアより水深が浅かったため、アンモナイトの化石記録が残されたと考えられる。

ウォード自身がすでに指摘していたように、K／Pg境界の直前でたった一つのアンモナイトが見つかっただけでも、衝突以前に絶滅していたとする説は崩壊する。彼は自らの研究成果によって過去の自説を覆した、珍しい古生物学者となった。

またこの時期、ウォードと同じように自身の説を誤りと認める古生物学者がほかにも現われた。ルイス・アルヴァレスの突発的絶滅説を痛烈に批判していたレオ・ヒッキーである。

植物の絶滅

一九八三年、ペンシルバニア大学の大学院生カーク・ジョンソンは、モンタナ州ヘルクリークの地層見学に来ていた。彼を見学に招いたレオ・ヒッキー（のちにジョンソンの博士課程における指導教員になる）は、二人でもう一度、ルイスの天体衝突絶滅説を検証しようとしていた。

これまでのヒッキーの論文では一〇〇〇点にもおよぶ植物化石を検討し、ヘルクリークのK／Pg境界では、白亜紀型の植物は〝漸進的に絶滅した〟と結論づけていた。しかしその後、ルイスらにより化学的証拠が積みかさねられると、K／Pg境界で天体衝突が起こった事実は動かしようがないと、ヒッキーは考えるようになった。また、シニョール＝リップス効果についても、きちんと統計学的に検証すべきだと考えていた。

そこで彼は、若くて馬力のあるカーク・ジョンソンとともにふたたびヘルクリークへ立ち返り、植物化石記録の全容解明に取りくむことにした。ジョンソンは当初「私たちの愛すべき恐竜の滅亡の原因を空想科学小説の小惑星のせいにするこの風変わりな学説を信用していなかった」という。[4] ヒッキーは、調査の道具から車両にいたるまで、万全の態勢でジョンソンをサポートした。そして彼もそれに応えるべく、必死で地質調査を行なった。

そして、五年の歳月が流れた。調査地点は二〇〇か所以上におよび、ジョンソンが収集した化石試料は二万五〇〇〇点にもなっていた。それら膨大な試料を解析した結果、ジョンソンとヒッキーは、彼らの当初の思惑とは裏腹に、白亜紀の最後に生息していた植物の約八〇パーセントがK／Pg

境界で突発的に絶滅していたことを見いだしたのである。最初にヒッキーが報告した漸進的絶滅は、シニョール＝リップス効果による見せかけの絶滅記録だったのだ[5]。

ピーター・ウォードがアンモナイトの突発的絶滅について公表した一九八八年の第二回スノーバード会議で、この結果も報告された。これでまた一つ、突発的絶滅を示す化石のリストが加わった。食物連鎖の基礎となる植物は、衝突によって絶滅していたのだ。ジョンソンとヒッキーは、「陸上植物の検討結果は、生物相危機が白亜紀末の天体衝突によるとする仮説に矛盾しない」と、会議の報告書にはっきりと記した。

その後ヒッキーは、サイエンス誌のリチャード・カーの取材に次のように答えている[6]。

「私は信奉者になった。この証拠に議論の余地はない。〔天体衝突による〕突発的な大変動はあったのだ」

恐竜発掘プログラム

さらに同様の発見は続く。アンモナイトや植物化石の突発的絶滅が認められはじめた頃、ヘルクリーク層では、恐竜の絶滅にかんする大規模な調査が進められていた。

腕足動物（海産の二枚貝によく似た無脊椎動物）の専門家であるミルウォーキー公立博物館の古生物学者ピーター・シーハンは、ヘルクリーク層を対象に「恐竜発掘プログラム」と名づけられた一大事業を開始した。その内容は、アメリカの博物館ならではの非常にユニークなものである。

一九八七年から一九八九年の三年間の夏のあいだ、シーハンは一六〜二五人の一般ボランティアと一〇～一二人の博物館スタッフをともない、ヘルクリークの調査に赴いた。日本では考えられないことだが、一般ボランティアは恐竜発掘の機会を得るためにみずから八〇〇ドルもの大金を払ってプログラムに参加している。うがった見かたをすれば、シーハンとミルウォーキー公立博物館は恐竜をネタに資金と労働力を一度に手に入れたのだ。

ボランティアは慎重に訓練され、日差しの強い夏のヘルクリークを歩きまわった。彼らによる延べ一万五〇〇〇時間の調査の結果、二五〇〇点の恐竜化石が発見され、シーハンら博物館スタッフは見つかった場所や種類をつぶさに記録した。

そして得られた膨大なデータを解析したところ、ヘルクリーク層では白亜紀の終わりまで生態学的な多様性が変化していないことがわかった。また、恐竜化石の見つからない〝三メートルのギャップ〟という問題は崩壊し、白亜紀最後の六〇センチ下の地層からも化石が見つかった。[7] これらの成果は、恐竜の絶滅が白亜紀末に突発的に起こったことを、はっきりと示していた。

恐竜はＫ／Pg境界で絶滅したことが、ついに証明されたのである！

このように、ルイス・アルヴァレスの死後、アンモナイト、植物、恐竜といった大型化石もＫ／Pg境界で突発的に絶滅したことが次々と報じられた。ルイスの予想は正しかったのだ。

本書では最初、天体衝突は〝恐竜絶滅のあと〟で起こったという証拠（犯行時刻のずれ）から、衝突は容疑者としては嫌疑不十分と考えていた。しかしこの時刻のずれは、シニョール＝リップス効果というトリックを使って偽装された証拠だった。トリックが暴かれたいま、天体衝突と恐竜絶滅の時制の一致は疑いようがない。やはり、恐竜絶滅の犯人は天体衝突に違いない。

では、その犯行方法はいったい、どのようなものだったのか。漸進的絶滅が次々と覆された第二回スノーバード会議では、突発的絶滅を引き起こした環境変動の実態についても、具体的な物証にもとづいた議論がスタートした。特に研究者のあいだで多く語られていたのは、「ストレンジラブ・オーシャン」と名づけられた、奇妙な海の話だ。

ストレンジラブ・オーシャン

B−52爆撃機から投下された核弾頭にまたがったコング少佐は、狂ったように叫んでいた。頭上で大きく振り回す右手には、カウボーイハットがしっかりと握られている。

「ヒー、ヤッハー!」

次の瞬間、ソ連の基地上空で、少佐とともに投下された核弾頭が炸裂した。核攻撃を受けて、ソ連の自動報復システム「皆殺し装置」が作動、地球上の生物は残らず死滅した——。

私が幼少の頃は、まだアルフレッド・ヒッチコックやスタンリー・キューブリックの白黒映画がテレビで放映されていた（それどころか、私の家には現役の白黒テレビがあった）。ヒッチコック監督の『鳥』は私のトラウマ映像になったが、キューブリック監督の『ドクター・ストレンジラブ』（邦題『博士の異常な愛情』、一九六四年公開）も、一度見たら忘れられない衝撃映像のオンパレードである。

米ソの核戦争に至るまでの出来事がブラックユーモアを交えて描かれたこのSF映画のラストは、第二次世界大戦時代の流行歌「また会いましょう」の美しいメロディとともに、核爆発の映像が繰り返し映し出される。

核戦争による地球規模の寒冷化は、ＮＡＳＡエイムズ研究所のブライアン・トゥーンやコーネル大学の宇宙物理学者カール・セーガンにより、一九八三年に「核の冬」仮説として提唱された。ルイスの天体衝突理論に影響を受けた彼らの説では、核爆発による広範囲の火災で巻き上げられた灰や煙などの微粒子で日光が遮られ、地球規模の寒冷化が引き起こされるという。[8]

大規模なものでは、地球に到達する太陽光量は数パーセントまで低下、数週間にわたり気温はマイナス一五度を下回る。そして太陽光の遮断により、陸上の植物や海洋の植物プランクトンが光合成を行なえなくなると、生食連鎖が崩壊する。核の冬仮説は、まさにルイスの理論と似たような現象を説明している。

キューブリックの核戦争映画から名づけられた〝ストレンジラブ・オーシャン〟は、核の冬ではなく「天体衝突の冬」により光合成が停止し、生食連鎖の基礎をなす植物プランクトンの生産が完全にストップした状態の海だ。古海洋学者ケニス・シューは、炭素同位体の化学的な分析にもとづいて、このような海が存在した可能性を提唱した。[9]

ここで、ストレンジラブ・オーシャンがどんなものかを読者の方々に理解してもらうため、次のような思考実験をしてみよう。

生物活動が存在しない地球の海洋があるとする。ただ青い海が果てしなく広がっている。この海では表層でも深層でも、溶け込んだ二酸化炭素に含まれる炭素同位体、炭素一三と炭素一二の比（^{13}C／^{12}C）は変わらない。

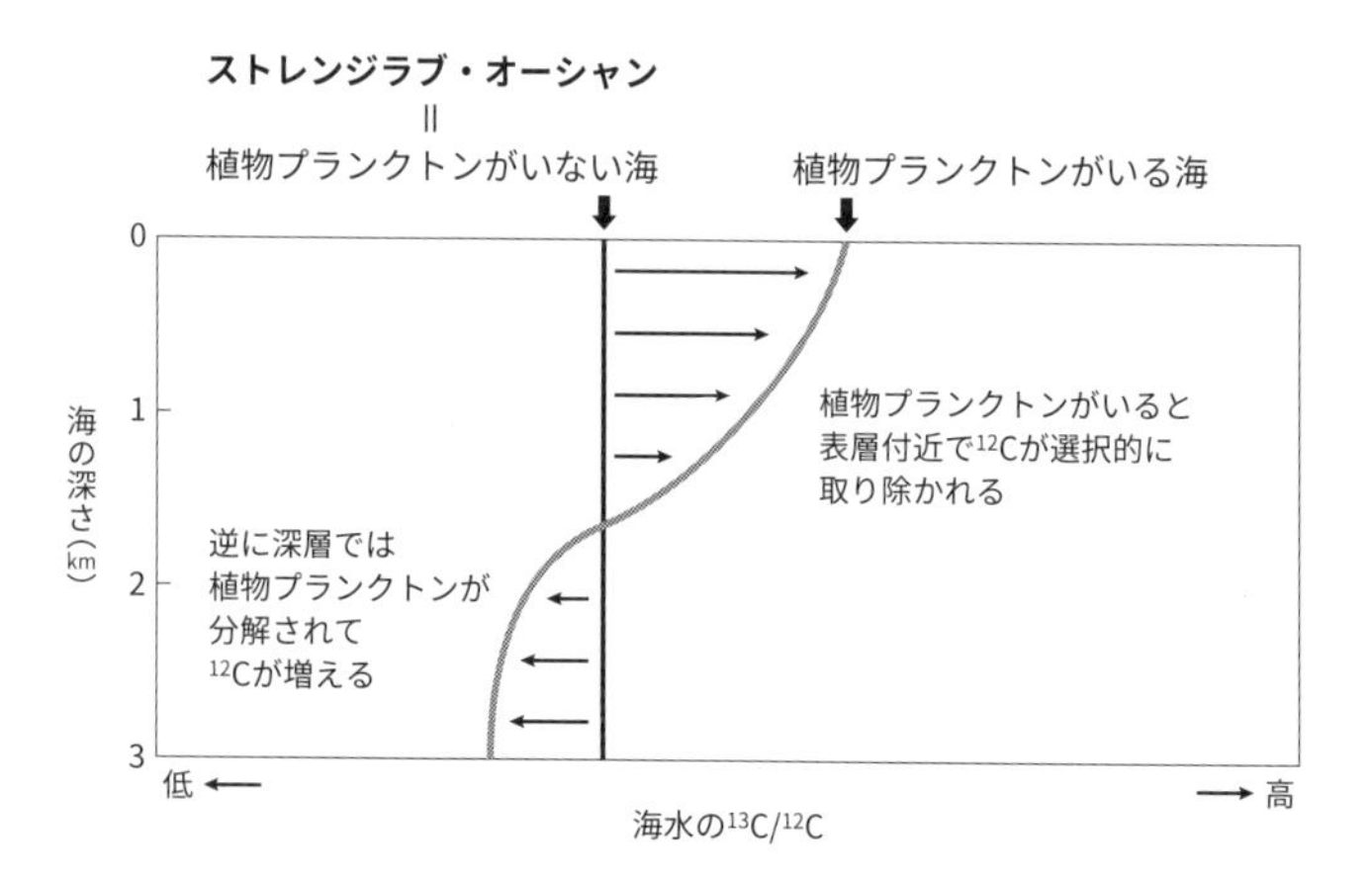

図29　海水に溶けた二酸化炭素の$^{13}C/^{12}C$比
（深さによる変化の模式図）

ここで〝神の視座〟から、海の表層に植物プランクトンをゆっくり投入してみる。太陽の光を受けて光合成を開始した植物プランクトンは、海水中の二酸化炭素と水から有機物を生成して取りこむ。このとき炭素一三に比べて軽い炭素一二のほうが有機物に変換されやすいため、植物プランクトンに優先的に取り込まれる。すると表層から選択的に炭素一二が取り除かれていき、表層水の二酸化炭素同位体比^{13}C／^{12}Cは、植物プランクトンが光合成をするほど高くなっていく。

表層で炭素一二を多く取り込んだ植物プランクトンは死ぬと沈んでいき、最終的には深層で分解、酸化される。そして植物プランクトンが過剰に摂取していた炭素一二が、最終的には二酸化炭素の形で深層水に溶けだす。すると、深層水では炭素一二の量が増えて、同位体比^{13}C／^{12}C比は低下していく。

つまり、表層の炭素一二が深層に運ばれていくため、植物プランクトンのいる海洋では、二酸化炭素の同位体比に深さによる差（深度勾配）ができることになる。

ところがケニス・シューの検討では、K／Pg境界直後の海洋ではこの深度勾配が見られなかったため、植物プランクトンによる光合成活動が完全にストップしたと解釈した。この、天体衝突の冬による〝異常〟な海を、彼はストレンジラブ・オーシャンと名づけた。停止期間は長く、約五〇万年におよぶという。

光合成を完全に停止させるような衝突の冬など、本当に起こりうるのだろうか。ルイス・アルヴァレスが最初に提案した、衝突の塵による太陽光の遮断は、NASAのブライアン・トゥーンが否定している。では衝突の塵以外に、寒冷化を引き起こす方法があるだろうか。

火災の煤と寒冷化

ウェンディ・ウォルバックは一九八四年、博士課程の大学院生としてシカゴ大学エンリコ・フェルミ研究所にやってきた。彼女の研究テーマは、デンマークのK／Pg境界の試料を使って衝突天体の種類をあきらかにするというものである。試料に含まれるキセノンやネオンといった希ガスの同位体分析から、鉄隕石やコンドライト質隕石などの分類が可能なのだ。

残念なことに目論見は外れ、隕石由来の希ガスの痕跡を見つけることはできなかった。しかし彼女は分析の過程で、大量の煤が試料中に含まれていることを見逃さなかった[10]。

大学院生として研究をスタートしたばかりのウォルバックではあったが、彼女は翌年、画期的な論文を世に送り出す。論文には「地球規模の山火事により放出された煤が、K／Pg境界の大量絶滅のきっかけをつくった」という、まったく新しい理論が展開されていた[11]。

彼女は、スウェーデン、スペイン、ニュージーランドのK／Pg境界に〇・四～〇・六パーセントほどの煤が含まれていることをあきらかにした。この煤の起源としては、石油の燃焼や森林火災が考えられる。もし森林火災を想定した場合、全森林の約一〇パーセントが燃焼したと計算された。

また、見つかった煤の大きさは核の冬仮説で計算された煙のサイズに近い、非常に小さなものであった。そのため論文では、大規模な森林火災に引き続き、微小な煤の粒子が大気中にとどまることで、地球規模での日光遮断や寒冷化が引き起こされる可能性が示された。しかも、煤は全世界に均質に拡散しているので、核の冬仮説で提唱された気温低下の見つもりは、より大きくなると予想された。

さらに、大規模な火災は大量の酸素を消費し、同時に大気は一酸化炭素で汚染される。寒冷化と同時に、大気汚染も生態系に大きなダメージを与えるだろうとウォルバックは考えた。

従来にはない新しい発見ではあったが、すぐに問題点も指摘された。それはウォルバックが見つけた煤が、一度の地球規模の火事により放出されたものなのか、それとも長い期間にわたり何度も起こった山火事によるものなのかという、一見すると解決が難しそうな問題である。

しかしこの問いに対しても、ウォルバックはスマートな回答を示した。彼女はヨーロッパとニュージーランドで知られている五か所のK／Pg境界から大量の煤を回収し、それらの炭素同位体比が均一であることを見いだした。さまざまな地域で起こった小規模な山火事であれば、炭素同位体比はそれぞれの場所で異なる値を示すはずである。そのため彼女のデータは、一度の全地球規模の山火事で煤が撒き散らされたことを意味しているようにみえた。[12]

ウォルバックの指導教員、シカゴ大学の地球化学者エドワード・アンダースは、ニューヨーク・タイムズ紙の取材に対して次のように語っている。[13]

「衝突直後の一年は、地球上の生命にとって劇的で危険だったに違いない。今回の研究でわれわれは、そのときどのような環境変化が起こったのか、おそらく初めて月単位で見ることができたのだ」

煤による日光遮断や寒冷化は、衝突地点から放出された塵による寒冷化よりも、はるかに優れたメカニズムに思われた。なぜなら煤は塵よりも軽く、より長く大気上空にとどまることができるからだ。

しかしそれでもなお、解決すべき宿題が残されていた。天体衝突がどのようにして全地球規模の山火事を引き起こすのだろうか。ウォルバック自身も、「天体が衝突した場所が（海ではなく）大陸だった場合は、全地球規模の火災を引き起こすような山火事を想定するのは難しい」と認めている。また、煤の起源が一つとは限らない点も指摘された。この時代には、白亜紀に広範囲で形成された黒色頁岩（有機物に富む地層）や石油など、森林以外にもさまざまな〝燃えやすいもの〟が存在する。[14]衝突場所によっては、煤の起源を森林に限る必要はないのである。

これらの宿題に答えるためには、とにかく天体衝突が地球上のどこで起こったのかを知る必要があった。残念ながらウォルバックの研究からは、これを知る手立てはない。しかし、ちょうど彼女が煤の研究をしていた頃、衝突地点について検討を進めていた研究者の一群が、重要な手がかりをつかみつつあった。彼らの目が、メキシコ湾周辺で特徴的に見られる、変わった地層に向けられたのだ。
一九九〇年、いよいよ衝突クレーター発見の日が近づいていた。

津波の痕跡

K／Pg境界研究者の関心は、最初から衝突地点の特定にあった。一九八〇年までに地球上で確認されたクレーターは、カナダの地質学者リチャード・グリーブがまとめて整理していたが、K／Pg境界に一致するような年代の衝突クレーターは、まだ知られていなかった。その後、さまざまなクレーターの年代が再測定されたが、それでもK／Pg境界の年代に一致するものは見つからなかった。アプローチを変え、K／Pg境界に含まれる微粒子から衝突地点を割り出す試みもなされた。たとえば、衝撃変成作用をうけた石英の粒子は海洋底を構成する岩石（玄武岩など）には少なく、大陸を構成する岩石（花崗岩（かこうがん）など）に多い。衝撃変成石英が世界各地で見つかりはじめると、大陸上への衝突が疑われた。

このような状況のなか、アメリカ・テキサス州を流れるブラゾス川沿いのK／Pg境界で、ヤン・スミットは奇妙な地層を発見した。〝一方向の流れ〟によって作られた砂岩の層「タービダイト」が、イリジウム異常がある泥岩層の直下で見つかったのである。ブラゾス川では白亜紀からも古第三紀からもタービダイトは見つかっておらず、唯一イリジウム異常の二〇センチ下までの範囲だけに見られた。これをスミットは、海洋への天体衝突による津波の証拠になるのではないかと考えた[15]。

この頃は衝突地点として大陸上が疑われていたので、彼の発見に対してはウォルター・アルヴァレスでさえそれほど関心を示さなかった。しかしその後の調査で、メキシコ湾沿岸のK／Pg境界から次々と、津波により形成された堆積物が見つかりはじめたのである。[16]

カリブ海の円形構造

一九八九年、アリゾナ大学で惑星科学を専攻していた博士課程の大学院生アラン・ヒルデブランドは、K／Pg境界の衝突地点をあきらかにするという野心的な研究テーマに挑戦していた。K／Pg境界層の化学分析から、天体は陸上ではなく海洋に衝突したとにらんでいた彼は、メキシコ湾周辺で津波堆積物が報告されるとカリブ海へと目を向けた。

ヒルデブランドは熱心に文献調査を行ない、フロリダ国際大学のフロランタン・モラッスが記した「ハイチの地質案内書」に、重要な情報が隠されていることを知った。[17]案内書によると、ハイチのベロックと呼ばれる場所には、層をなして積みかさなった石灰岩中にK／Pg境界があるという。そしてその境界には、五〇センチほどの厚さの、火山性タービダイトと呼ばれる堆積物がはさまれているというのだ。

これこそ自分がほしかった情報に違いない。そう確信したヒルデブランドは、一九八九年の六月にモラッスの研究室を訪問し、ベロックの火山性タービダイトの岩石試料を観察した。そしてそれは彼の思惑どおり、火山性の岩石ではなく変質した衝突テクタイト（天体衝突の際にターゲットとなる岩石が溶融してできたガラス状の粒子）だった。

ベロックのK／Pg境界へのアクセス方法についてモラッスから情報を得たヒルデブランドは、さっそく現地を訪れて調査した。そこには、ほかの地点よりはるかに分厚いK／Pg境界の粘土層があるだけでなく、それまでに発見されているなかでは最大の衝突テクタイトや衝撃変成石英が含まれていた。ヒルデブランドは、結論へと一気に跳躍した。
彼の考えはこうだ。テクタイトや衝撃変成石英の大きさから考えて、Ｋ／Pg境界の衝突地点はハイチから一〇〇〇キロ以内にある。この範囲内にあるクレーターの候補は、南米コロンビアのカリブ海沖にある直径三〇〇キロの円形構造だ。[18]
彼はこれらの内容をまとめ、指導教員であるビル・ボイントンとともに一九八九年一二月に『サイエンス』に投稿した。このとき彼は、Ｋ／Pg境界の絶滅を導いたクレーター発見にもっとも肉薄した研究者となっていた。

しかし論文の掲載が決定される直前、科学ジャーナリストのカルロス・バイヤーズから信じられないような情報がもたらされた。Ｋ／Pg境界のクレーターは、もうとっくに見つかっているというのだ。当初ヒルデブランドは面食らったが、情報を検討してさらに驚いた。そしてサイエンス誌の論文の最後に、あわてて次のような一文を滑り込ませた。

もしくは、ペンフィールドとカマルゴにより報告された、ユカタン半島の大陸棚にある直径二〇〇キロメートルの円形の磁気および重力異常構造が、堆積物に埋もれた衝突構造の候補としてあげられる。

アラン・ヒルデブランドは、Ｋ／Pg境界のクレーターに〝最初に到達〟した者ではなかった。じつは一〇年も遅れていたのだ。しかし歴史は、ヒルデブランドを発見者として指名するだろう。ロバート・バルトーザーとグレン・ペンフィールドの名を置き去りにして――。

第11章

衝突

見ているようで見ていない

儒教の経典に、「心焉(ここ)に在らざれば、視れども見えず」という言葉がある。私たちの目はカメラではないので、見たものすべてが脳に記録されるわけではない。網膜を通じて取り込まれる膨大な情報で脳が混乱しないように、自分に必要と判断されたものだけが記憶を司る部位に送られる。したがって、意識的に物事を見ていなければ「視れども見えず」はふつうに起こりうることである。

しかしここに、喉から手が出るほどほしいと強く意識している情報が目の前にありながら、それが誰の目にも見えていなかったという奇妙なケースがある。

一九四一年創刊の『スカイ・アンド・テレスコープ』はアメリカの一般向け天文雑誌である。私の手元に、海外のショッピングサイトを通じて入手した一九八二年の三月号がある。この号の二四九ページに、ひときわ目をひくレポートが寄せられている。タイトルは「ユカタン衝突堆積盆の可能性」。記事の内容は、K/Pg境界の大量絶滅の引き金となった天体衝突のクレーターがついに発見されたとする、驚きのニュースである。[1]

一九八二年といえば、ちょうどK／Pg境界のイリジウム異常について、さまざまな論争が巻き起こりはじめた頃で、まだ天体衝突説が広く支持されていたわけではない。ところが、なんとこの時期に、すでにK／Pg境界のクレーターは見いだされていたというのだ。しかも記事によれば、この直径一八〇キロにもおよぶ巨大クレーターは、記事掲載の四年前、ウォルター・アルヴァレスらがイタリアでイリジウム異常を見いだした年と同じ一九七八年に発見されている。こんな大発見が、どうしてK／Pg境界の研究者たちの目にとまらなかったのだろうか。

さらに調べると、同様の内容を伝えた記事が一九八一年一二月一三日の『ヒューストン・クロニクル』（テキサス州ヒューストンの日刊新聞）の一面にも取り上げられていたことがわかった[2]。ヒューストンといえばNASAのお膝元、惑星科学の一大拠点である。この記事が研究者たちの目にふれないことなど、おそらくありえない。

憶測ではあるが、何人かのK／Pg境界研究者は、この発見にかんする記事を目にしたり、誰かに聞いたりしただろう。しかし彼らは、見ているようで見ていなかった。ルイス・アルヴァレスを中心とした研究者の動向こそが注視すべきもので、一般向けの新聞・雑誌やジャーナリストの言葉などは、おそらく彼らの脳の認識対象にはならなかったのだ。

場外の出来事

クレーター発見の話は、一九四七年にまでさかのぼる。

この年、メキシコの国営石油会社ペメックスは、ユカタン半島で重力探査を行なっていた。地表における重力の値は、地下の岩石の密度や分布深度で変化する。測定の結果、ユカタン半島北部の地下一〇〇〇メートル付近に、奇妙な〝円形の盆地状構造〟があることが確認された。

このような場所には、石油が埋蔵されている可能性が高い。ペメックス社はすぐさま「チチュルブ」（Chicxulub：チクシュルーブと表記されることもある）と呼ばれる小さな村で、石油の試掘を行なった。

しかし地下にあったのは火山活動で作られる安山岩だけで、石油を貯蔵するような堆積岩は見られなかった。周辺地域に火山が存在しないのに地下から火山岩が見つかったことは奇妙に思われたが、石油を産しないとわかると、ペメックス社はこの調査から手を引いた。[3] そして、このあと約二〇年、ユカタン半島の円形構造が再検討されることはなかった。

一九六六年、アメリカの地震観測会社に勤務していたロバート・バルトーザーは、ユカタン半島におけるペメックス社の重力測定データを再検討する仕事を請け負っていた。ちょうど同じ頃、アメリカ・テネシー州のウェルズ・クリーク・クレーターの仕事もしていた彼は、ユカタンの円形構造が衝突クレーターであることを即座に見抜いた。しかし、ペメックス社の外部委託で仕事をしていたバルトーザーが、自身の解釈や重力測定のデータを外部に公表することは、けっして許されなかった。

その後、リモートセンシングの技術発展とともに、衝突クレーターの全貌があきらかになる。

一九七八年、アメリカの空中物理探査会社に勤務する地球物理学者グレン・ペンフィールドは、ペメックス社の依頼でメキシコ湾周辺の空中磁気探査のデータを解析していた。航空機を利用して得られる地球磁場データは、地表の岩石がもつ磁力で乱される。これをうまく利用して、地下の地質構造を推定できるのだ。

この磁気探査データを解析していたペンフィールドは、チチュルブ村の沖合に小さな磁気異常があることに気がついた。そしてその位置を地図上にプロットすると、ちょうど半円を描いたような構造がメキシコ湾上に浮かびあがった。この半円の中心部には、とりわけ高い磁気異常を示す箇所もある。

彼はすぐさまペメックス社に問い合わせて、この地域の重力測定図を入手した。そして手描きで作成した磁場分布図とそれを重ねあわせてみると、地図上には完璧な円形上の構造が浮かび上がった。

「こいつはパーフェクトな巨大衝突構造だ！」

ペンフィールドはこのときを「人生で最高の瞬間だった」と回顧している[4]。火山地域の磁気探査の経験があった彼は、この円形構造が火山によってできるものではないと確信し、ペメックス社への報告書に「この円形構造はクレーターである」と記した[5]。

見逃された報告

時が流れて一九八〇年に入ると、ルイス・アルヴァレスらによる天体衝突説がペンフィールドの耳にも届いた。すぐに彼は、あのユカタン半島のクレーターこそが天体衝突の決定的証拠になると考えた[6]。ペメックス社による試掘の記録によれば、このクレーター上の堆積物はK／Pg境界よりも古い八〇〇〇万年前のものと考えられていた。しかしペンフィールドは、K／Pg境界で起こった衝突が海の堆積物を乱し、クレーター上には、境界よりも古い年代の堆積物が積みかさなっていると考えた（のちに、この解釈は正しいと判明する）。

そしてなんとペンフィールドは、自身が発見したクレーターについて、ウォルター・アルヴァレスに書簡を送っていたのだという。しかし残念なことに、ウォルターからはいっさい返事がなかった[7]。

一九八一年には、ペンフィールドは磁気探査プロジェクトの責任者であるメキシコ人のアントニオ・カマルゴとともに、ロサンゼルスで開催された地球物理探査の学会で、ユカタン半島のクレーターについて講演を行なった[8]。おそらくこれが、チチュルブ・クレーターについての最初の公式な報告である。

ちょうどこの講演が行なわれたのと同じ週には、ユタ州で第一回スノーバード会議が開かれていた。この会議の重要なテーマは〝クレーターの探索〟であったが、このときすでにK／Pg境界のクレーターが発見されていたとは、皮肉なことである。

一九八一年の『ヒューストン・クロニクル』でペンフィールドとカマルゴのクレーター発見を記事にしたのは、石油関連の仕事でペンフィールドと親交のあった科学ジャーナリスト、カルロス・バイヤーズで、見出しは「メキシコのある場所が恐竜の絶滅と関連か」だった。

さらにバイヤーズは、ヒューストンで毎年行なわれる月惑星科学国際会議に出席し、研究者を呼び止めてはユカタン半島のクレーターについて話をした。しかし、誰も彼の記事や話に関心を示さなかった。バイヤーズはのちに、「結局、彼らは私をサイエンス・ライターとしては有能だがクレーターの専門家ではないと見ていたようだね」と語っている[9]。この状況は一九八八年の第二回スノーバード会議でも同じで、バイヤーズが〝新発見のクレーター〟について話しても、やはり当時の研究者はまったく取り合ってくれなかったという。

進まない孤独な調査

ルイス・アルヴァレスを中心としたK／Pg境界の絶滅論争が加熱するなかで、まったく無名だった二人の研究者、ロバート・バルトーザーとグレン・ペンフィールドは、ユカタン半島クレーターの極秘調査に乗り出す。

　磁気測定からクレーターにたどり着いたペンフィールドと同じく、重力測定からユカタンの円形構造を一九六〇年代に最初に見いだしていたバルトーザーも、ルイスらによる天体衝突説の話を知り、自分が発見した円形構造こそが大量絶滅を導いたクレーターではないかと考えた。

　しかし彼らはおたがいの存在をまったく知らなかったため、それぞれ独自に調査を開始した。なにしろ、恐竜の絶滅を導いたかもしれない犯人の発見である。科学史に名を残す仕事をどのように進めるか、研究者としての資質が問われていた。

　バルトーザーは、ミシガン大学の天文学者リチャード・テスケにまず相談した。彼はユカタンの円形構造が衝突クレーターである可能性を説明し、もし興味がある研究者がいれば共同で重力を測定したいと考えていた。しかしテスケは、彼の話にあまり興味が持てなかったのか、バルトーザーの情報をそのまま知り合いの地質学者に丸投げした。運悪くこの地質学者はK／Pg境界の衝突説自体に懐疑的だったため、なにも進展することなく時間だけが過ぎ去った。テスケも、ユカタン半島の衛星写真などを集めたりはしたが、結局この仕事をかたわらに置いてしまった。[10] バルトーザーのクレーター捜査は、ここであっさりと潰えてしまう。

　一方のペンフィールドは、ＮＡＳＡジョンソン宇宙センターのクレーター専門家ビル・フィニーを頼りに研究をスタートした。フィニーから「クレーター地点の岩石試料から衝撃を示すような物質が見つかれば、あなたの仮説を立証できるだろう」とアドバイスを得た彼は、さっそくペメックス社が石油を試掘したときに回収したコア試料について調べはじめた。ここから彼の長い旅が始まる。

彼は、一九七〇年代にペメックス社が掘削したコア試料が、メキシコ湾岸の都市コアツァコアルコスに保管されていることを知った。しかし同時に、コア試料の保管庫が火事により消失してしまったという残念な事実もあきらかになった。ペンフィールドはあきらめきれず、コアが保管されていた場所を訪れたが、ブルドーザーで整地された跡地を見て、さすがに見切りをつけたという。

そこで彼は、みずから地質調査をすることを思い立つ。ユカタン半島には基本的に石灰岩が露出しているので、もし少しでも安山岩が見つかれば、それはクレーターに由来する可能性が高いと考えたのだ。

ペンフィールドは、ペメックス社による掘削跡地を訪れはじめた。安山岩のかけらでも落ちていないかとみずから調べ歩き、ある日は豚小屋のかたわらで糞の山をかき分けてコアの破片を探したりもした。だが努力も虚しく、最初の数地点ではなにも見つからなかった。

ところが、チチュルブ村の掘削跡地では、思いがけないところから試料が得られた。掘削跡を埋めるセメントに、コア試料の破片と思われる岩石が混ぜ込まれていたのである。

彼はここから重さ一〇キロほどの試料をもち帰り、ＮＡＳＡジョンソン宇宙センターに分析を依頼した。しかし、またしても不運に見舞われる。ＮＡＳＡの研究者たちはユカタン半島の円形構造を〝火山起源〟と考えていた。そのせいだろうか、彼が送った岩石の詳しい調査は行なわれなかったという。

結局、バルトーザーやペンフィールドの孤独な調査は実を結ぶことなく、時間だけがいたずらに過ぎ去っていった。ペンフィールドがクレーターの可能性について初めて講演したときから、すでに八年以上が経過していた。

再発見

科学の世界に〝再発見〟という言葉はない。イタリアのグッビオからイリジウム異常を発見したのはアルヴァレスと彼の共同研究者であり、あとでグッビオからイリジウム異常を報告した研究者がいたとしても、けっして「イリジウム異常の再発見」とはいわない。ところがここに〝クレーターの再発見〟と呼ばれることになる論文が存在する。

一九九〇年、前章の最後に書いたように、科学ジャーナリストからユカタン半島のクレーターの話を聞いたアラン・ヒルデブランドは、さっそくペンフィールドに連絡をとった。ユカタン半島にクレーターの存在を確信した彼は、お蔵入りしていた重力測定データの提供を求めた。また同時に、クレーターのコア試料を入手して分析する必要があると考えた。

幸運なことに彼は、就職活動のために訪問していたカナダ地質調査所で、カリブ海の重力測定図を見ることができた。地図には、彼が『サイエンス』に投稿した論文で指摘したコロンビアのクレーターは存在しなかったが、かわりにユカタン半島の円形構造はしっかりと確認できた。

さらにその後、ペメックス社がユカタン半島で掘削したものの焼失したと思われていたコア試料

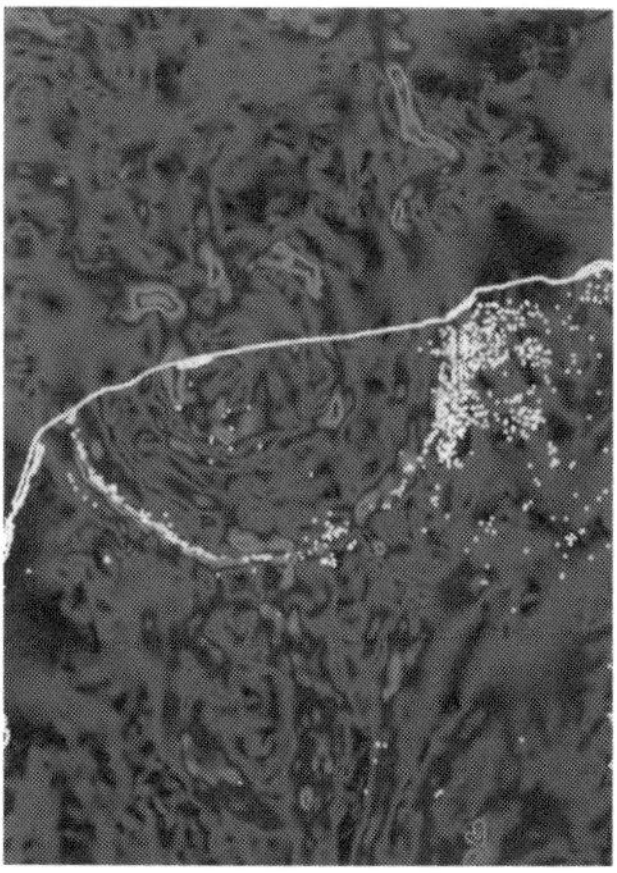

図30　重力測定でみたチチュルブ・クレーターの円形構造

の一部が、この地域の地質調査をしていたニューオリンズ大学に保管されていることが判明した。

ヒルデブランドからの問い合わせをきっかけに共同研究を開始したペンフィールドは、ニューオリンズで試料を入手し、ヒルデブランドにも送るように手配した。ペンフィールドの同僚であるアリゾナ大学のデイヴィッド・クリングは、天体衝突で形成された衝撃変成石英が試料中に含まれることを見いだした。

また、それまでの報告ではクレーター上に堆積した石灰岩は白亜紀のものとされていたが、これは誤りである可能性が高く、代わって古第三紀の有孔虫化石が見つかることも判明した。すべてのピースは、K／Pg境界の大量絶滅をもたらした直径一八〇キロにもおよぶ巨大クレーターが〝この地〟にあることを示していた。

ヒルデブランドは、すぐに論文執筆にとりかかった。同時期に地球物理学の国際会議で、このクレーター発見についての講演をペンフィールドと共同で行なった。この講演でヒルデブランドは、クレーターの中心付近にある村の名をとって「チチュルブ・クレーター」と呼ぶことを提唱した。[11]

ヒルデブランドらによるチチュルブ・クレーター〝発見〟の第一報は、一九九一年に地質学の一流雑誌『ジオロジー』に掲載された。[12]共著者にはペンフィールドやペメックス社のアントニオ・カマルゴのほか、衝撃変成石英を見いだしたデイヴィッド・クリング、指導教員のビル・ボイントンなど、研究に携わった者の名前が連ねられている。論文のタイトルは次のようにされた。

〈チチュルブ・クレーター：メキシコ、ユカタン半島に見られる白亜紀／古第三紀境界の衝突クレーター候補〉

ついに、K／Pg境界の大量絶滅を引き起こした犯人である衝突クレーターの姿が浮かび上がった。ペンフィールドが初めて講演し、研究者たちに相手にされなかった日から一〇年、絶滅のクレーター〝再発見〟である。

ウォルター・アルヴァレスによれば、ヒルデブランドらによるチチュルブ・クレーターの論文は「爆弾投下なみの衝撃をあたえた」という。またこのクレーターの発見は、問題となっていたK／Pg境界における研究の方向性を変えたとも述べている。[13]

その理由の一つとして、チチュルブ・クレーター内部の岩石試料にかんする情報が提供されたことが大きい。この岩石を徹底的に調べれば、世界中に散らばる衝突由来の物質がどのように形成されたか、またどのような環境変動を引き起こしたか、説得力のある解を得られるはずだという期待が高まった。

僅差で敗れた男

チチュルブ・クレーター発見のサイドストーリーとして、もう一人、ＮＡＳＡジェット推進研究所の地質学者ケヴィン・ポープの話をつけ加えておこう。彼はまったく偶然に、そして独自にチチュルブ・クレーター発見の論文を公表していた人物である。しかしこの話は、あまり広くは知られていない。

一九八〇年代後半、ポープと彼の共同研究者は、古代マヤ遺跡と地表の水資源についてのプロジェクトを進めていた。ユカタン半島には長い乾季があるため、マヤ文明の成立には水資源の確保が決定的に重要である。ランドサット衛星から得られた写真をもとに、ポープは地表の水資源を調査していた。

彼はこの調査の過程で、現地の住民が「セノーテ」と呼ぶ直径五〇~五〇〇メートルの小さな池が、ユカタン半島のチチュルブ村を中心に〝半円を描いて〟配列していることに気がついた。ポープはこのときの発見を次のように語っている。[14]

「私たちはこれに興味をそそられ、メキシコの石油会社が石油を探しだすために集めた、磁気と重力の測定データを入手しました。データには巨大な円形構造がはっきりと示されており、また、彼ら〔ペンフィールドとカマルゴ〕がこれを衝突クレーターだと同定していたことを知ったのです」

ポープらは、チチュルブ村周辺のセノーテが衝突クレーターの外縁に沿って分布していると考えた。クレーターの縁では陥没や石灰岩の溶解が起こり、その結果、地下水の流動が活発になる。そうして多くのセノーテが形成されたのだろう。

彼は一九八九年から九〇年にかけて、K/Pg境界の年代と一致した巨大クレーターがユカタン半島に埋没しているという論文の執筆にとりかかった。しかしこのときヒルデブランドの存在を知り、

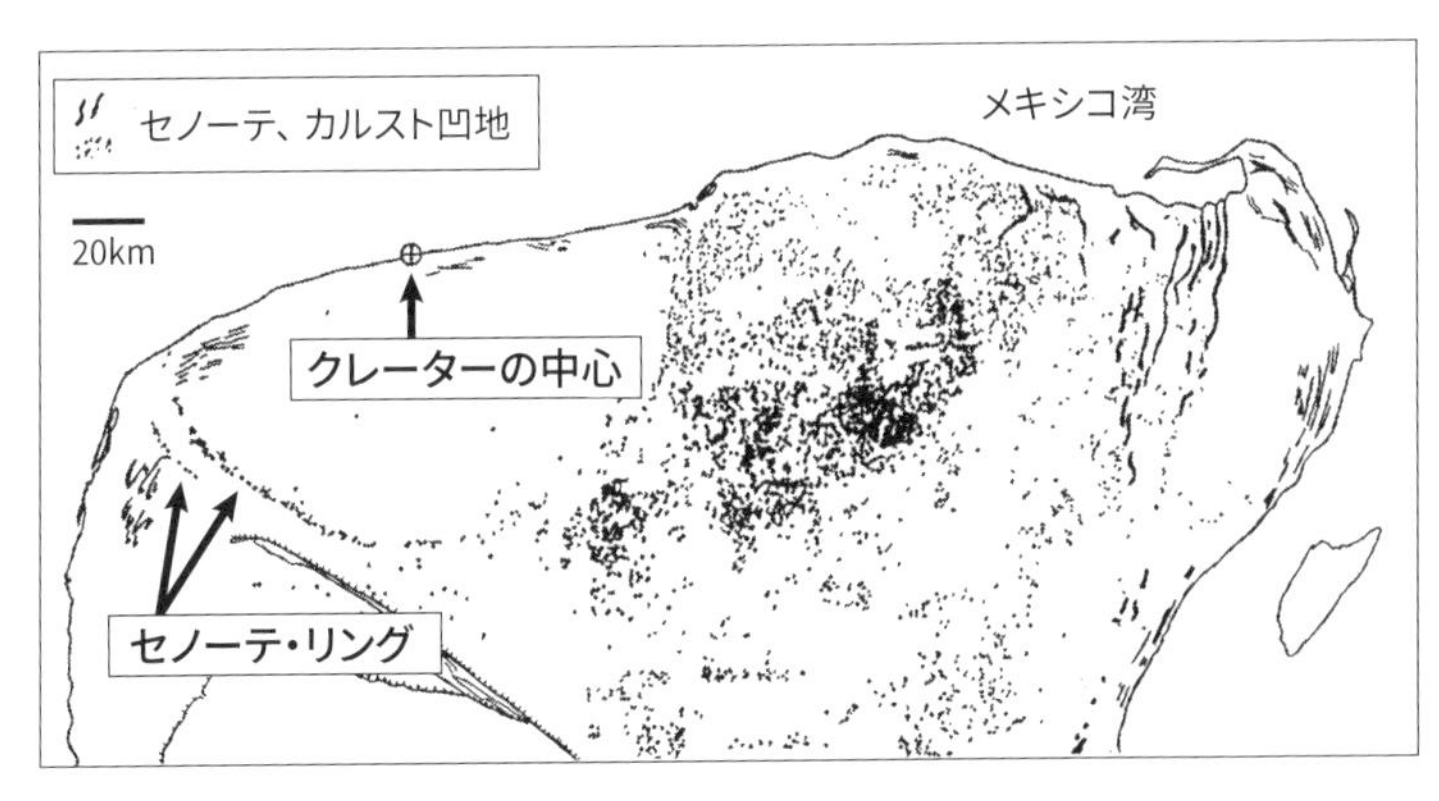

図31　ユカタン半島のセノーテの分布。カルスト凹地は、地下水が石灰岩を溶食してできた、すり鉢状の地形や陥没孔。

自分たち以外にこのクレーターについて確信をもっている研究者がいたことに驚いたという。

ポープはヒルデブランドと接触したが、すでにヒルデブランドらはチチュルブ・クレーターの論文を書き上げていた。彼らはポープの先を走っており、クレーター内の岩石試料の記載も終えていた。発見の先取権がヒルデブランド側にあることはあきらかだった。

結局ポープらの論文は、ヒルデブランドよりも早い一九九一年の四月に『ネイチャー』で報じられたのだが、そこには、ヒルデブランドとペンフィールドが学会で提唱したチチュルブ・クレーターの名が与えられていた。[15] ポープは、僅差で発見の栄誉を手にすることができなかったのである。

先取権は誰のものか

ジオロジー誌に掲載されたヒルデブランドの論文は、科学的物証にもとづいた、最初のチチュルブ・クレーター発見の報告となった。重力や磁気などの物理探査だけでは、ユカタン半島の円形構造がK/Pg境界の大量絶滅を引き起こしたクレーターだと証明するのは難しかっただろう。彼らが行なった「掘削コア試料の記載」こそが、チチュルブ・クレーターの〝発見〟とみる者は多い。

ヒルデブランドと指導教員のボイントンは、チチュルブ・クレーター論文の掲載が決定すると、この発見ストーリーをアメリカ自然史博物館の雑誌『ナチュラル・ヒストリー』に寄稿した。[16] タイトルは「白亜紀のグラウンド・ゼロ――失われた巨大クレーターの探索」。

文献調査によってメキシコ湾一帯のK/Pg境界に津波の痕跡があることを突き止めるところから、物語は始まる。ハイチを訪れ、衝突テクタイトを見いだし、ついに南米コロンビアのカリブ海沖にクレーター候補を見いだす。探偵さながらに犯人を追い詰める様子が、いきいきと描かれている。しかし物語は終盤、やや拍子抜けした一文とともに、チチュルブ・クレーター発見のストーリーへと収束する。

一九九〇年、私たちは地球物理学者のグレン・ペンフィールドやその他の共同研究者とともに、クレーターの第二候補を見いだした。それはメキシコのユカタン半島、メリダの町の北に位置していた。私たちが中心の小さな村にちなんでチチュルブと命名したその構造は、半マイルの堆積物に埋もれていた。

ここにペメックス社の物理探査データや、ジャーナリストのカルロス・バイヤーズは登場しない。バイヤーズの証言では、彼がもたらした情報によってヒルデブランドはユカタン半島にクレーター候補があることを知ったはずだ。またヒルデブランドは次のように記し、クレーター発見の栄誉が自分たちにあると暗に主張した。

「約一〇年前、普通ではない円形状の重力・磁気異常がこの地域で認識されていたものの、（ペンフィールドとカマルゴが講演要旨中で述べたクレーターの可能性の示唆を除いて）それまで一つとして論文として公表されることはなかった。（中略）われわれが最初の案内役として、衝突による津波堆積物を見いだしていなければ、けっしてクレーターにたどり着くことはできなかっただろう」

科学の世界では、一番に到達したものだけが「発見者」としての栄誉と賞賛を得ることができる。チチュルブ・クレーターの発見者が、科学史に名を残すことはまちがいない。問題は、チチュルブ・クレーターを報じた論文の共著者七名のうち、いったい誰が発見者とされるかということである。それぞれの著者が果たした役割を考えると、ヒルデブランドの指導教員ビル・ボイントンや、衝撃変成石英を実験室で検出したデイヴィッド・クリングではないだろう。

ペンフィールドは、クレーター第一発見者の栄誉に強い関心を示した。彼は一九九一年一一月のナチュラル・ヒストリー誌上で、ヒルデブランドが同誌で五か月前に紹介した発見ストーリーに異義を唱えたのだ。[17]

彼が問題視したのは「衝突による津波堆積物を見いだしていなければ、けっしてクレーターにたどり着くことはできなかった」とするヒルデブランドの一文である。また、「一九九〇年にクレーターの第二候補を見いだした」とする供述にも反論した。ペンフィールドによれば、自分たちの地球物理学的な測定結果からこの構造は見いだされており、ヒルデブランドが津波堆積物を頼りにして一九九〇年にクレーターを見つけたとする主張は、誤解を与える書きかたであるというのだ。

さらに彼は、一九八一年の学会で次のように講演を締めくくっていたことに言及し、自分とアントニオ・カマルゴこそが最初の発見者であることを示そうとした。

「私たちはこの構造が、地球規模のイリジウムに富む粘土層を形成した白亜紀／古第三紀境界に近い年代を示すことを指摘しておきたい。また、白亜紀末の絶滅を引き起こした天体衝突 - 気候変動仮説の観点から、この構造の調査を行なうよう提案したい」

公表か死か

発見の先取権をかけてだろうか、その後もペンフィールドとヒルデブランドの意見はたびたび食い違った。彼らが初めて接触した際にペンフィールドは、「このクレーターは、じつにはっきりとした形でユカタン半島に存在している」と話したという。

一方、ヒルデブランドの記憶では「初めて彼と話したとき、彼ら〔ペンフィールドとカマルゴ〕は、それがクレーターかどうか確信をもてないと語っていた。そして彼らは、数年にわたりなにも行動を起こさなかった」と、まったく異なるやりとりを語っている。[18]

また、クレーターという名前をめぐっても両者の記憶は異なるようだ。ペンフィールドによれば、チチュルブの名を提案したのは自分だという。「私とヒルデブランドは電話越しに、その名前について話しあった。私は、英語を話す科学者がほとんど発音できないチチュルブという案を気に入っていた。さらに私はその意味、〝悪魔の尻尾〟や〝悪魔の尻〟についても気に入っていたのだ」。そして彼の記憶によれば、ヒルデブランドは別の地名、「メリダ、プログレソ、ユカタン」という三つをクレーターの名前として提案してきたという。

しかしヒルデブランドの記憶は、これとは異なる。「私はペンフィールドに、メリダ、プログレソ、チチュルブの三つの名前を提案した。彼は、その三つのうちどれでもいいと言ってきたんだ[19]」。

科学の世界には「パブリッシュ・オア・ペリッシュ」(publish or perish) という言葉がある。直訳すると、公表か死か。その意味は、論文を出さなければ研究者の世界から抹消される、だから論文を書きなさいということだ。

のちにヒルデブランドが「ロバート・バルトーザーかグレン・ペンフィールドが、機密データの一部だけでも論文として出版してくれていれば」と述べているように、ペンフィールドらが一〇年以上もクレーターの存在を論文にしなかったことに、先取権をめぐる問題の本質がある。しかし、地球物理学者であるペンフィールドが慣れない地質調査に手を出して、より説得力のある証拠を手に入れようと奮闘していたことを知ると、「論文にしない奴が悪いのさ」と切り捨てる気持ちにもなれない。

とにかく地質学は、時間のかかる学問なのだ。発見の栄誉を一人で手に入れようとすれば、なおさらのことである。

チチュルブ後の世界

チチュルブ・クレーターの〝再発見〟は、K／Pg境界の大量絶滅にかんする研究を一変させた。クレーターは研究者が予想もしなかった、大陸とも海洋ともとれる、両方にまたがる場所から発見された。この複雑な地質条件の衝突現場には、さまざまな生物の絶滅を導いた犯行方法の手がかりが、確実に残されている。多くの研究者たちが、チチュルブ・クレーターに殺到した。

まず、犯行時刻の裏づけ捜査が行なわれた。クレーターは本当にK/Pg境界で形成されたのか？クレーター内部にある、衝突で溶融した安山岩質岩石の年代がすぐに検討された。[20]岩石中に含まれるアルゴンを利用した年代測定の結果は、この岩石が六四九八万年前（誤差±五万年）に形成されたことを示した（測定理論の改定により、のちに六六〇〇万年に修正）。ハイチやメキシコのK/Pg境界から見つかる衝突テクタイトの年代も測定され、これらの値もクレーターの年代とぴったり一致した。チチュルブ・クレーターとK/Pg境界の年代一致は、早々に疑いないものとなった。

次に、衝突地点の岩石の徹底的な化学捜査が始まった。検討の結果、クレーター内の安山岩質岩石は、通常の火成活動（地球内部のマグマの作用）で形成されるものとは異なり、衝突地点に広く分布する石灰岩と火成岩が、瞬時に混合・溶融してできたことがあきらかになった。[21]

衝突地点の一帯には、二キロ以上の厚さをもつ石灰岩が分布する。石灰岩への衝突が大規模な気候変動を引き起こす可能性は、ウォルター・アルヴァレスを始めとする多くの研究者が指摘するところとなった。[22]仮に、ルイス・アルヴァレスが推定した直径一〇キロの小惑星が落下した場合、かつてこの地にあった石灰岩は、衝突の運動エネルギーにより瞬時に蒸発する。このとき石灰岩を構成する炭酸カルシウムから、大量の二酸化炭素が放出される。膨大な量の二酸化炭素が大気中に放出されれば、温室効果によって地球は一気に温暖化していくと考えられた。

硫酸エアロゾルと酸性雨

そして、さらに厄介な問題を引き起こす岩石が、石灰岩とともに地下に埋蔵されていることがわかった。石膏である。

ギプスなどに利用されるこの岩石は、硫黄を大量に含んでいる。硫黄は衝突により、二酸化硫黄や三酸化硫黄のガスとして大気中に放出される。これらのガスは光化学反応などを経て、最終的に大気中の水蒸気と結合し、硫酸エアロゾルと呼ばれる微粒子になり大気中に滞留する。硫酸エアロゾルが成層圏にとどまり雲を形成すると、著しく太陽光を遮断する。そして地上に太陽の光が届かなくなり、全地球規模の寒冷化が引き起こされるのだ。

この硫黄ガスによる寒冷化現象は、チチュルブ・クレーター発見と同年に起こった、フィリピンのピナツボ火山の大噴火で実際に確認された。この二〇世紀最大の火山噴火は、火山性ガスとして一七〇〇万トンもの二酸化硫黄を大気中に放出した。そして、成層圏に形成された硫酸エアロゾルが約一年かけて全地球規模に拡散。太陽光をさえぎり、北半球では平均気温が約〇・五度も低下したという[23]。

チチュルブ・クレーターの発見に僅差で敗れたケヴィン・ポープは、その後もこのクレーターの研究を精力的に行ない、衝突により放出される硫黄ガスの量を見積もった。

彼の計算では、なんと一〇〇〇億トンにもおよぶ二酸化硫黄（もしくは三酸化硫黄）が大気中に放出される。その結果、形成された硫酸エアロゾルの影響で、地球に到達する太陽光量は八〜一三年の長期にわたり、一〇〜二〇パーセント以下にまで低下するという。硫酸エアロゾルによる寒冷化の効果は、二酸化炭素による温暖化をはるかにしのぎ、闇による寒冷化は長いあいだ地表を襲ったと彼は考えた。

ルイス・アルヴァレスが最初に指摘した衝突の塵や、ウォルバックらが発見した火災の煤と異なり、硫酸エアロゾルの雲は約一〇年にもおよぶ長期間、暗黒の時代をもたらす可能性がある。これだけ闇が続くと、植物は光合成ができずに絶滅するのではないかと研究者たちは考えた。さらにこの硫酸エアロゾルは、雲の中で凝縮して硫酸の雨となり、地上にもたらされる。陸上も海洋も、闇と同時に強烈な酸性雨にさらされたのである。

犯人捜しは終わったか？

ほかに、衝突地点の近傍でどのような災害が起こったかについても、詳しく検討された。衝突地点から立ちのぼる火球と蒸気雲の熱放射、地震、衝撃波などが、地表を瞬時に襲っただろう。これらの災害について、さまざまな物理法則や数値計算を駆使した研究が、競うように世界中で行なわれた。クレーターの地形、衝突角度などにかんする基礎研究も進められた。

さらに、衝突地点は白亜紀の頃に浅い海だったため、メキシコ湾の沿岸などに巨大津波をもたらしたことも判明した。この巨大津波現象は、東京大学の松井孝典氏らの研究グループが詳細をあきらかにしていった。[24]

このように、さまざまな分野の研究者を巻き込んで、チチュルブ・クレーターとK／Pg境界の研

■天体衝突の証拠

白金族元素	天体に含まれていた6つの元素が境界層に異常濃集	汎世界的
衝撃変成石英	衝撃によって生じる特徴的な破壊面をもつ石英粒子	汎世界的
スフェルール	衝突により蒸発した岩石が数ミリ以下の球状に凝結して落下	汎世界的
ニッケルに富む磁鉄鉱	天体の蒸発と凝結によって生じる数ミクロンの多角形粒子	汎世界的
オスミウム同位体比	海底に堆積した地層で同位体比 ^{187}Os/ ^{188}Os が低下	海洋のみ
衝突テクタイト	クレーター周辺地域で見つかるガラス質粒子	地域的
衝突クレーター	ユカタン半島の地下にある直径 180 km の円形構造	地域的

■天体衝突による環境変動の証拠

シダ植物	衝突直後、短期的に胞子量が急増（植生遷移を示唆する）	汎世界的
ストレンジラブ・オーシャン	海洋における基礎生産の停止	汎世界的
煤	森林火災などによって有機物が燃焼	汎世界的
津波堆積物	メキシコ湾一帯の境界層から見つかる	地域的

図32　チチュルブクレーター〝再発見〟の1991年までに報告された、K/Pg境界の天体衝突にかんする主な証拠

究は、前例のないほどの巨大科学へと発展した。気候学者は大型計算機で衝突後の気候変動をシミュレートし、惑星科学者は他の天体のクレーターとの比較を始めた。熱力学によって火災の規模が推定され、物理学者は地震マグニチュードを弾き出した。これほど多くの地球惑星科学分野の参画を促した研究事例を、私はこれよりほかに知らない。

すべてが解決へ向かっていると思われた。チチュルブ・クレーターが〝再発見〟された一九九一年までに、K/Pg境界で天体衝突が起こった証拠は、すべて出そろっていたのだ。

犯人捜しは終わり、捜査は今後、衝突が引き起こす環境変動と絶滅のリンクを調べる研究へと発展する。二一世紀はそのような時代になると、誰もが考えていた。

ところが、このクレーターの発見でさえ、〝彼女〟の主張を揺るがすことはできなかった。

「やはりチチュルブ・クレーターは、K／Pg境界の絶滅を引き起こした犯人ではない」

地質学者にとっては「ほんの一瞬」である、一〇万年という期間。物語は、この短期間をめぐる決戦へと突入する。

第12章 決戦

最後の問題

そもそも事の発端は、グッビオのK／Pg境界層の堆積年代をめぐる問題だった。その後、天体衝突理論が登場すると、古生物学、地球化学、地球物理学、気象学、惑星科学といった研究分野を巻き込んで、一大科学論争へと発展した。そして衝突理論の登場から一〇年が経過した一九九〇年代、K／Pg境界の堆積年代をめぐる議論が、ふたたび〝最後の問題〟として立ち上ろうとしていた。

きっかけは、メキシコ・ミンブラルのK／Pg境界の地層である。ヤン・スミットが調査したミンブラルの地層は、水深四〇〇メートルより深い場所で堆積していた。通常、この深さならプランクトンの死骸や細かい泥の粒子がしずしずと沈積した、化粧用ファンデーションのようにきめ細やかな「泥岩層」が見られるはずである。しかしここでスミットは、ざらざらと粗い砂の粒子でできた厚さ三メートルの「砂岩層」を発見した。[1] 彼はこの砂岩層を、チチュルブ・クレーターを形成した天体衝突による巨大津波の堆積物とみなした。これは非常に重要な発見だった。

スミットが発見した三メートルの砂岩層は、正確には三つの地層からなる。彼によれば、一番下の地層「ユニット1」は海への天体衝突によって押し寄せた巨大津波で形成された。ここには津波による強い浸食や、スフェルール、衝撃変成石英、衝突ガラスなどの粒子が見られる。この上に重なる「ユニット2」は、津波の〝引き波〟がつくった地層だ。沿岸を強く浸食した津波は、引き波によって大量の木片や岩片を堆積物中にもたらした。最後に堆積した「ユニット3」は、減衰する津波がメキシコ湾内で何度も反射して、海面の潮位振動が起こったことで形成された。海水の振動がつくる「リップル」と呼ばれる堆積構造が特徴的だ。

このようなスミットの見かたが正しければ、K/Pg境界はユニット1の下にあることになる。

同じ頃にウォルター・アルヴァレスも、メキシコ湾の海底から掘削されたコア試料を調べ、津波による堆積物を発見した[2]。スミットとウォルターによるメキシコ湾周辺の津波堆積物の発見は、一九九二年の二月と八月にそれぞれ『ジオロジー』で報じられた。これにより、チチュルブ・クレーターの天体衝突がメキシコ湾に巨大津波をもたらしたこと、そしてその実態があきらかになった。

挑戦状

ところが翌年、スミットとウォルターに対する挑戦状とも受け取れる論文が二編、同じくジオロジー誌に掲載された。挑戦状をたたきつけたのは、プリンストン大学のゲルタ・ケラーと、彼女の共同研究者であるドイツ・カールスルーエ工科大学の古生物学者ヴォルフガング・スティネスベックだ。

アメリカ地質学会の『ジオロジー』は、地質学の分野ではもっとも重要かつ審査基準の厳しい雑誌として知られている。一つの号のページ数は少なく、重要なテーマを扱った論文が世界中から投稿される。当然ながら審査のハードルは高くなり、論理的に欠陥のある論文が掲載されることは、まずない。

ケラーとスティネスベックは、スミットとウォルターの報告を受けて〝彼らと同じ場所の、同じ地層〟を独自に調べた。そしてスミットやウォルターとはまったく異なる研究結果を、これまた彼らと同じくジオロジー誌に公表したのだ。まさに挑戦状である。

まず、スティネスベックの論文の主張は、大きく分けて二つある。[3]

一つは、ミンブラルで見られる砂岩層について。スティネスベックの観察では、スミットが津波の押し波で形成されたとしたユニット1の解釈は誤りで、この地層は通常のゆっくりした堆積作用でできたと考えた。スミットが報告したスフェルールはユニット1から観察されず（その代わりに生物起源の球状粒子はあるとした）、ここから見つかるガラス粒子は火山ガラスとみなした。つまりスティネスベックは、津波堆積物どころか天体衝突の痕跡さえ認めなかったのだ。当然、ユニット2や3も同様に、通常の堆積作用によるものと主張した。

もう一つ主張したのは、ミンブラルのK／Pg境界の位置だ。スティネスベックによると、〝通常の堆積作用〟でできたユニット3の地層から、白亜紀最後の時代の有孔虫化石が見つかる。その場合、必然的にK／Pg境界はユニット3より上に置かれる。これは、ユニット1の下にK／Pg境界を置くスミットの解釈とはまったく異なる。

一方のケラーは、ウォルターが報告した深海のK／Pg境界に異議を唱えた。[4] ウォルターが津波堆積物を見つけたコア試料には、深海の流れにより地層が削られたハイエタスの痕跡がいくつも見ら

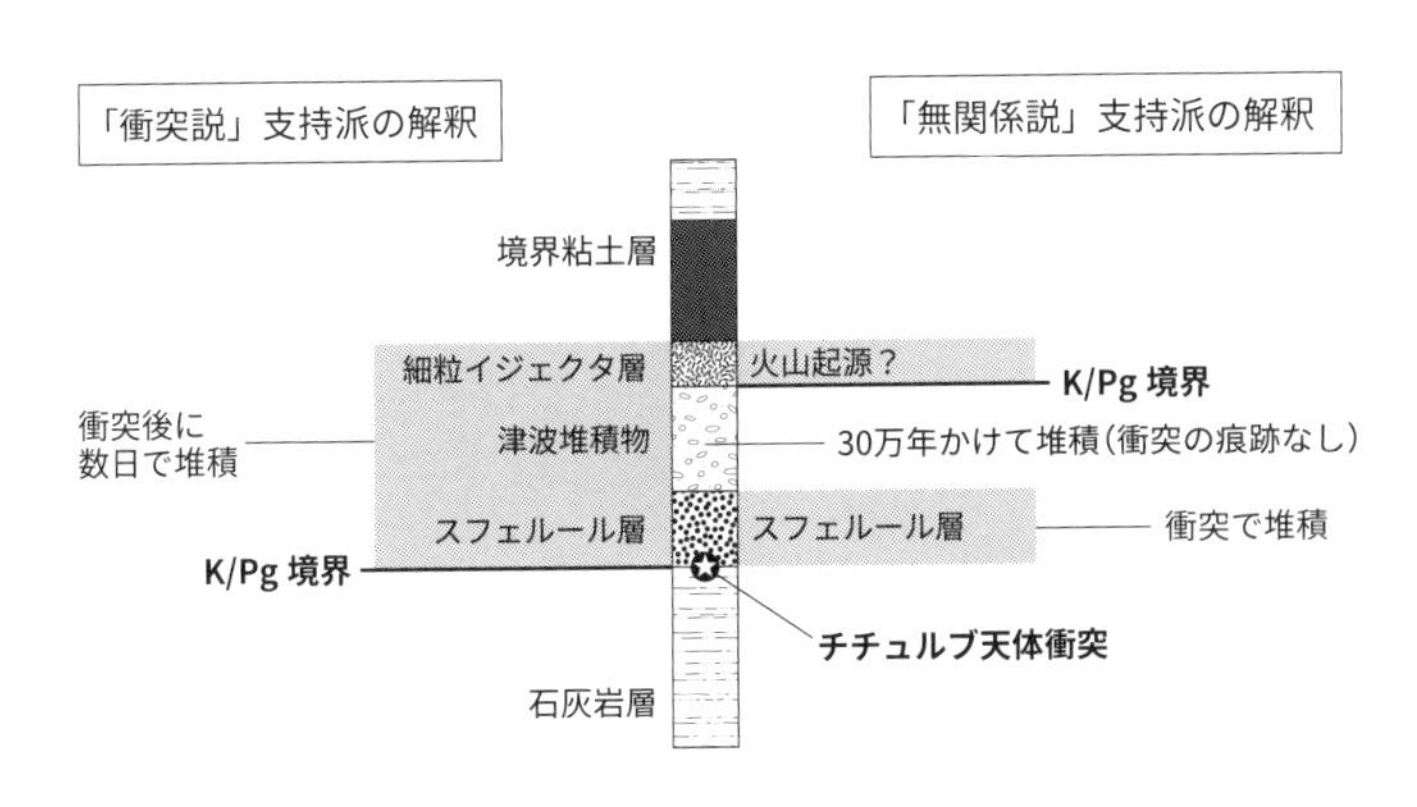

図33　衝突説支持派と無関係説派によるメキシコの地層の解釈の違い

れ、K／Pg境界自体もハイエタスにより欠けているというのだ。

論文から得られる限られた情報からは、どちらの陣営の解釈が正しいかを判断することは難しい。多くの有孔虫データを載せているぶん、ケラー陣営の主張に説得力があるようにも思える（ケラーが三〇を超える試料で有孔虫化石を同定しているのに対し、スミットは三つの試料しか調べていない）。いったいどちらの主張が正しいのだろうか？

ミンブラルの決闘

スミットとケラーの意見の対立は、またしても第三者の判断にゆだねられることになった。今度は「ブラインド越しに意見を言い合う」ような紳士的な方法ではない。地質学者らしく、メキシコの荒野に出て〝決闘〟である。

真っ向から意見が対立する二つの研究グループが顔を合わせ、立会人のもとで決着をはかる学問など、地質学を除いてほかにあるのだろうか。

一九九四年二月の第三回スノーバード会議は、会場をスノーバードからテキサス州のヒューストン大学に移して開催された（それまでの開催地の名は引き継がれた）。この会議には五〇名を超える研究者が集まり、ミンブラルの地質見学が企画された。

この地質見学には『サイエンス』の科学記者リチャード・カーも参加した。これは非常に恐ろしいことのように思える。決闘の行方は、サイエンス誌を通じて世界中の人々に配信されるのだ。勝者は栄誉と賞賛を手にするが、敗者は研究者としての能力を疑われ、以後ずっと三流とみなされることになるだろう。

地質見学の参加者らを前に、スミットとスティネスベックは、ミンブラルの砂岩層についてそれぞれの説を披露した。この手の見学旅行では通常、案内者がひととおり地層の説明をしたあとで、参加者それぞれの観察が始まる。問題になっている三メートルの砂岩層がどのようにして堆積したか、決闘の行方を左右する参加者たちは興味深く、慎重に観察したに違いない。

そして参加者の一群には、事実上〝決闘の立会人〟を務めることになる、地層観察のプロ中のプロがいた。堆積学者である。

地球科学の一分野である堆積学は、二〇世紀の中頃に確立した比較的新しい学問だ。地層の一枚一枚は、突きつめると砂や泥の微粒子が集まったもので、その集積過程を研究する分野が堆積学である。

堆積学者は、海や川という現場での観測や水槽実験の観察を重んじる。これらの観測・観察から体系づけられた法則をもとに、堆積学者が地層の縞模様（堆積構造）を見れば、それが堆積した水深や地形、さらにはどのような水流で形成されたのかまで、瞬時に言いあてることができる。私は学生時代に初めて彼らの仕事を目のあたりにしたとき、まるで魔法使いのように過去の堆積環境を次々と解き明かすさまをみて、深く感銘を受けた記憶がある。

立会人の判定

スミットとスティネスベックは、堆積学者という名の立会人の前で、それぞれの主張を繰り広げた。そして参加者たちの地層観察が終わると、決闘の勝者が宣言された。

サイエンス誌に掲載された報告によると、すべての堆積学者の意見は一致した。[5] 問題の砂岩層は、通常とは異なる非常に強い流れで作られた――つまりヤン・スミットの解釈どおり、津波堆積物の可能性が高いという判定だ。

アメリカを代表する堆積学者ロバート・ドットは「非常に急速に堆積した証拠を示す地層を見て、感銘を受けた」とし、「堆積にかかった時間は、一〇万年より一〇万秒のほうに近いはずだ」と語った。スティネスベックが主張した、通常の堆積作用（ここでは混濁流とされた）で長い時間をかけて砂岩層が形成されたという説は、ほかの堆積学者からも否定的な意見が聞かれた。

巨大津波の堆積作用については十分に理解されていないとしながらも、天体衝突による津波説がこの堆積物の特徴をよく説明できること、また、ほかの選択肢を考えるのは難しいという二点において、参加した堆積学者のあいだでは意見の一致をみた。

つまり、勝者はヤン・スミットと認められたのだ。この判定は、サイエンス誌を通じて世界中に届けられた。

ケラーはリチャード・カーの記事に対して「津波説が勝利したわけではない。堆積学者たちはスミットの津波モデルには否定的で、堆積物の起源についてさらなる検討を要すると結論づけた」と、すぐに翌月のサイエンス誌上で反論した。[6] さらに彼女は、ミンブラルの砂岩層が海水準の変動で説明できるとする論文を共同研究者とともに公表した。[7]

このようにケラーは抵抗を続けたが、ミンブラルで〝判定〟が下った以上、衝突理論の支持者にとって彼女らの動向はどうでもよくなったのだろう。その後の約一〇年、ケラーらが出す論文に対して反論や異議を申し立てる研究者は、ほとんど現われなくなった。論文の批判にも多大な労力が必要だし、いちいち目くじらを立てる時間も惜しかったに違いない。なにより、チチュルブ・クレーターが発見されたあとは、衝突が引き起こした環境変動に注目が集まっていた時期だった。

しかし見かたを変えると、彼女らの主張を真っ向から批判できるような研究者が、じつはこの頃すでに、ほとんどいなくなっていたのかもしれない。天体衝突にかんする科学分野は細分化し、より細かい議論や専門知識を必要とするようになった。堆積学や古生物学に精通し、なおかつ衝突の地球化学まで理解できるような見識をもった研究者というと、これまで本書に登場した人物のなかでは、最古参のヤン・スミットやウォルター・アルヴァレスくらいしか思い浮かばない。

段階的絶滅説の反撃

一九九四年の「決闘」以降も突発的絶滅説に対抗し続けたケラーが、一九九〇年代から二〇〇〇年代にかけて展開した研究戦略は非常に複雑だが、大きく分けて四つの波状攻撃で彼女の〝段階的絶滅説〟を強化していった。

まず一段目の攻撃として、化石データそのものの強化に乗り出した。チュニジアのエル・ケフやメキシコ湾周辺のＫ／Pg境界から、大量の浮遊性有孔虫の化石データを立て続けに報告し、いずれのデータも白亜紀の浮遊性有孔虫種が段階的に絶滅していることを示した。[8]

突発的絶滅説を支持する者にとって、ケラーのデータは次の二点でやっかいな存在だ。一つは、ケラー以上に詳細かつ多くの種数の化石データを報告した論文が一九九〇年代になかったこと。たとえばスミットは、エル・ケフにおいて白亜紀の約三〇種の浮遊性有孔虫のうち一種だけが生き残ったと報告したが、彼の論文には根拠となる化石データが示されていない。一方のケラー側には、約五〇種の浮遊性有孔虫が地層のどの位置から見つかったかといった詳しい化石データがあった。つまりＫ／Pg境界での絶滅を論じる際、その論拠となる資料を求めると、スミットの論文にそれはなく、ケラーの論文にはあるという状況が生じていた。

そしてもう一つ、無視できない問題があった。エル・ケフでもメキシコ湾周辺でも、Ｋ／Pg境界以降もしばらくは、白亜紀の浮遊性有孔虫の化石が見つかるという事実である。そのためケラーは、白亜紀の浮遊性有孔虫のうち半数近くは古第三紀まで生き残ったと解釈した。このことはケラーだけでなく、第三回スノーバード会議で報告されたブラインド・テストの被験者四名とも同じ結論に達していたので、ケラーの化石同定ミスと断ずることはできなかった。

突発的絶滅説の立場からは、古第三紀まで白亜紀の種が生き残ることは都合が悪い。衝突説支持者は、一部の白亜紀種は下の地層から「何らかの理由により洗い出されて」古第三紀の地層中にもたらされた可能性があると主張してその場をしのいだが、強い根拠があるわけではなかった。あくまで「突発的絶滅が起こったとすれば、古第三紀に見られる白亜紀の種は再堆積に違いない」という、解釈に解釈を重ねることで結論が導かれていた。

波状攻撃

一九九〇年代の後半、世間では『アルマゲドン』や『ディープ・インパクト』などの天体衝突を題材にしたパニック映画が人気を集めていたが、ゲルタ・ケラーの研究グループは、そのような喧騒をよそに、着実に自説を強化するデータを集めていった。

二段目の攻撃は、一九九五年頃から行なわれた。彼女とその共同研究者は、ペメックス社のコア試料の記録を分析し、チチュルブ・クレーター内に見られる衝突起源の角礫岩(かくれきがん)より上の層から、白亜紀の有孔虫を含む地層が見つかる点を重視した。そしてこれを理由に、チチュルブ・クレーターの形成はK/Pg境界〝以前〟に起こったと主張したのである。[9] またメキシコの地層でも、チチュルブ衝突由来のスフェルールは、K/Pg境界より一二メートル下からも見つかると報告した。

では、K/Pg境界とスフェルール層の年代が完全に一致しているハイチのベロックはどうか。ケラーは、ここで見られるスフェルールはすべて再堆積したもので、境界そのものもハイエタスにより欠けているとした。[10]

さらに三段目の攻撃として、「多重天体衝突説」がケラーにより提唱された。[11] K/Pg境界の模式的な層序が見られるチュニジアのエル・ケフでは、〝チチュルブとは別の〟天体衝突もイリジウム異常として記録されていると彼女は解釈した。そして、メキシコ湾一帯ではこの衝突によるイリジウム異常が見られないのは、ハイエタスによる欠損のためだという。

ケラーによれば、この〝別の〟天体衝突は、白亜紀から古第三紀にかけて起こった数回の衝突のなかでは最大のものだという。また、古第三紀に入って約一〇万年後に、さらに別の天体衝突の証拠が見つかったとしている。彼女はこれら三度の衝突を「多重天体衝突」としたが、生物に与えた影響は今後の課題として検討していない。[12]

そして四段目の攻撃は、デカン・トラップ火山説の復活である。[13] 浮遊性有孔虫の殻の酸素同位体分析で求めた古水温が、白亜紀末の約二〇万年間で約三度上昇したことを、ケラーは発見した。彼女はこれを、インドのデカン・トラップ火山活動による二酸化炭素濃度の上昇が原因とした。

また、一九九〇年代の終わり頃になると、パリ地球物理研究所のヴァンサン・クルティヨのグループが、デカン・トラップ洪水玄武岩の年代を詳しく決定していった。[14] 彼らの研究によると、この洪水玄武岩は約六六四〇万年前に噴出が始まり、火山活動による海水温の上昇や、K／Pg境界の五〇万年前頃からの浮遊性有孔虫の段階的絶滅を導く原因の一つになったという。

四つの研究戦略により、二〇〇〇年代の初めまでにケラーの「段階的絶滅説」が形作られた。K／Pg境界の前後数十万年間に、多重天体衝突（チチュルブはこの一つにすぎない）やデカン・トラップ火山活動が起こり、これらの複合的な要因によって浮遊性有孔虫が段階的に絶滅したという説だ。これは、チチュルブでの〝一度の天体衝突〟を原因とするヤン・スミットらの説とは、鮮明な対照を示す。

〈スミット説〉　チチュルブ衝突　↓　浮遊性有孔虫の〝突発的〟絶滅
〈ケラー説〉　多重天体衝突＋デカン・トラップ火山活動　↓　浮遊性有孔虫の〝段階的〟絶滅

定説を覆す研究

このようなケラーとスミットの対立が続くなか、二〇〇一年一二月に学術目的のチチュルブ・クレーター掘削計画が始まった。掘削は、クレーターの中心から約六〇キロ南にあるヤスコポイルという村で行なわれた。掘削深度は約一五〇〇メートル。古第三紀の石灰岩の下から、衝突に関連して形成された角礫岩が見つかった。

この掘削には、K／Pg境界とチチュルブ衝突の年代一致を検証するという大きな目的があった。一九七五年に行なわれたペメックス社の掘削コア記録には、衝突に由来する角礫岩より上の層から白亜紀の浮遊性有孔虫化石が報告されている。[15]これが本当なら、チチュルブ・クレーターを形成した衝突は、K／Pg境界「以前」に起こったことになる。

掘削は二〇〇二年二月に終了し、試料は事前審査で決められた各国の研究者に配分された。ゲルタ・ケラーも配分者リストに名を連ねていた。そして、その詳しい研究成果は二〇〇四年の夏に、隕石と惑星科学にかんする国際誌『メテオリティクス・アンド・プラネタリー・サイエンス』で、論文集として報告されることになっていた。

ところが、ケラーはこの論文集を待たず、二〇〇四年三月に自身の研究成果だけを『アメリカ科学アカデミー紀要』（ＰＮＡＳ）の電子版で突然公表した。[16]ＰＮＡＳは『ネイチャー』や『サイエンス』と同様に重要な総合科学雑誌として、世界中に読者をもつ。この論文の内容はすぐに世界の人々の知るところとなり、日本のメディアにも取り上げられた。

ケラーがPNASに投稿した論文の主旨は、「掘削したコア試料の分析から、チチュルブ衝突はK/Pg境界の三〇万年前に起こったことがあきらかになった。したがって、K/Pg境界で起こった〝恐竜殺し〟の衝突はまだ見つかっていない」。

ヤスコポイル村から掘削されたコアを観察すると、チチュルブ衝突に由来する角礫岩の最上部には、厚さが五〇センチほどの、砂サイズの粒子からなる堆積物が見られる。ここから「強い流れにより形成された堆積構造が確認できる」というのが、掘削計画に参加した堆積学者の見解だった。しかしケラーは、この地層が通常の堆積作用でゆっくりできたものだと〝曲解〟した。そしてこの五〇センチの堆積物から、白亜紀末の浮遊性有孔虫化石を見つけたと報告した。さらに、K/Pg境界そのものはハイエタスにより欠けているとみなした。これらの主張は、彼女がこれまでメキシコ湾一帯のほかの地層で展開してきた研究と、まったく同じ内容である。

掘削の研究成果がまとめられた、翌年のメテオリティクス・アンド・プラネタリー・サイエンス誌では、このケラー論文への激しい批判が寄せられたが、専門誌上で討議された内容が世間一般の人の目にとまることはなかった。[17] そしてこの頃から、「掘削の結果、チチュルブ衝突はK/Pg境界の三〇万年前に起こったことがわかり、恐竜絶滅の原因にかんする論争は振り出しに戻った」という見かたが、K/Pg境界を専門としない研究者のあいだでも一人歩きを始めたのである。

二〇〇四年には、このテーマをめぐってケラーとスミットのインターネット公開討論も行なわれた。[18] このような討論も含めて、ケラーはインターネットの普及で広がった科学メディアの活用術に長けていた。特に、アメリカ地球物理学連合やアメリカ地質学会での講演はメディアの注目を集め、世間一般に注目される場として最適だった。いつの世も〝定説を覆す研究〟に世間の関心が集まることを、彼女はよく心得ていたのだ。

そして二〇〇八年、さらにケラーの研究を後押しする強力な援軍が現われる。

躍進する火山説

二〇〇八年と二〇〇九年は、かつてデューイ・マクリーンが主張した「インドのデカン・トラップ火山説」が躍進した年となった。

衝突理論の支持者のあいだでは、デカン・トラップ洪水玄武岩はK／Pg境界の突発的絶滅とは無関係だと考えられていた。K／Pg境界の少なくとも四〇万年前に噴出を開始していたからだ。ところが詳しく研究を進めると、溶岩の噴出量は、ある時期に集中していたことがわかってきた。

フランスの地球物理学者ヴァンサン・クルティィヨの研究グループは、デカン・トラップの地質、年代測定、古地磁気層序年代についての詳細な研究をまとめ上げた。そして最大で厚さ三五〇〇メートルにもおよぶこの洪水玄武岩が、四回の大規模な「溶岩噴出パルス」によって形成されたことを示した。溶岩の噴出は一定ではなく、短期間に集中していたのだ。四回の噴出パルスで最大規模のものは期間八〇万年の範囲で、K／Pg境界を含んでいた。そして驚いたことに、この期間にデカン・トラップの全溶岩噴出量の、じつに八割が噴出したことが判明したのだ。[19]

次いで、イギリス・オープン大学の火山学者ステファン・セルフは、デカン・トラップ洪水玄武岩にわずかに含まれるガラスから、放出された二酸化硫黄ガスの量を推定した。[20] 二酸化硫黄は、チチュルブ衝突でも環境変動の原因として注目されていたことを思い出してほしい。チチュルブでは、石膏への衝突で放出された五〇〜五〇〇ギガトンの二酸化硫黄が、全地球規模の寒冷化を引き起こした可能性が指摘されていた。[21]

セルフの研究によれば、デカン・トラップでは玄武岩一〇〇〇立方キロメートルあたり、三・五〜五・四ギガトンの二酸化硫黄が放出されるという。これをもとにクルティヨは、K／Pg境界とほぼ同時期の噴出では平均すると一〇〜一〇〇年という短期間に一〇〇ギガトンの二酸化硫黄が放出されると計算した。[22] この見つもりは、チチュルブ・クレーターの一度の衝突で放出された推定値とかなり近い。

一瞬のチチュルブ衝突で五〇〜五〇〇ギガトン、一〇〜一〇〇年のデカン・トラップ溶岩噴出で一〇〇ギガトン。地球環境に与える影響として、この差は大きいのだろうか？　クルティヨは、「もし衝突がなかったとしても、大規模な絶滅は起こったに違いない」と語っている。[23]

極めつきは、やはりゲルタ・ケラーの研究だった。ケラーは「ラージャムンドリ・トラップ」と呼ばれるデカン・トラップ最大の溶岩流が海に流れ込む地点を調査した。そして溶岩流の上に重なって堆積した地層から、古第三紀でもっとも古い時代を示す浮遊性有孔虫化石を見いだしたのだ。[24] このことは、デカン・トラップ火山活動のなかでも最大の噴出量を誇るラージャムンドリ・トラップ溶岩の噴出が、誤差二〇万年の範囲内でK／Pg境界の年代と一致することを示していた。

「これらの研究の結果から、デカン火山活動がＫ／Pg境界の大量絶滅に決定的な役割を果たしており、生物の回復が遅れる原因にもなったことがわかった」

ケラーがこう論文で指摘したように、[25]一連の研究は、デカン火山活動がＫ／Pg境界付近で最盛期を迎え、絶滅となんらかのかかわりがある可能性を示した。そのメカニズムを説明する必要はあるが、ほかの時代境界、たとえば二億五〇〇〇万年前のペルム紀／三畳紀境界などの事例[26]（シベリア・トラップ洪水玄武岩の噴出と大量絶滅）をあげることで、大規模火山活動と絶滅の関連性を指摘することは可能だった。

メディア戦略

「恐竜の絶滅は、天体衝突ではつじつまが合わない」

このようなフレーズが流布しはじめたきっかけは、二〇〇四年にイギリスの放送局ＢＢＣが制作したテレビ番組『What Really Killed the Dinosaurs?』だろう。日本でも二〇〇五年にＮＨＫで『何が恐竜を殺したか？』と題して放送されたので、覚えている読者もいるだろう。

番組は、スミットによるミンブラル津波堆積物の解説から始まる。その後、ケラーとスティネスベックが画面に登場、スミットが津波堆積物とした砂岩層の中に生痕化石（堆積物の表面を生物が這った跡が残ったもの）を見つけたり、さらに砂岩層より下にスフェルールの層を見つけたりして、あの手この手でスミットの解説を覆していく。

次に場面は一転、暗い部屋でスティネスベックがコア試料を観察する様子が映し出される。チチ

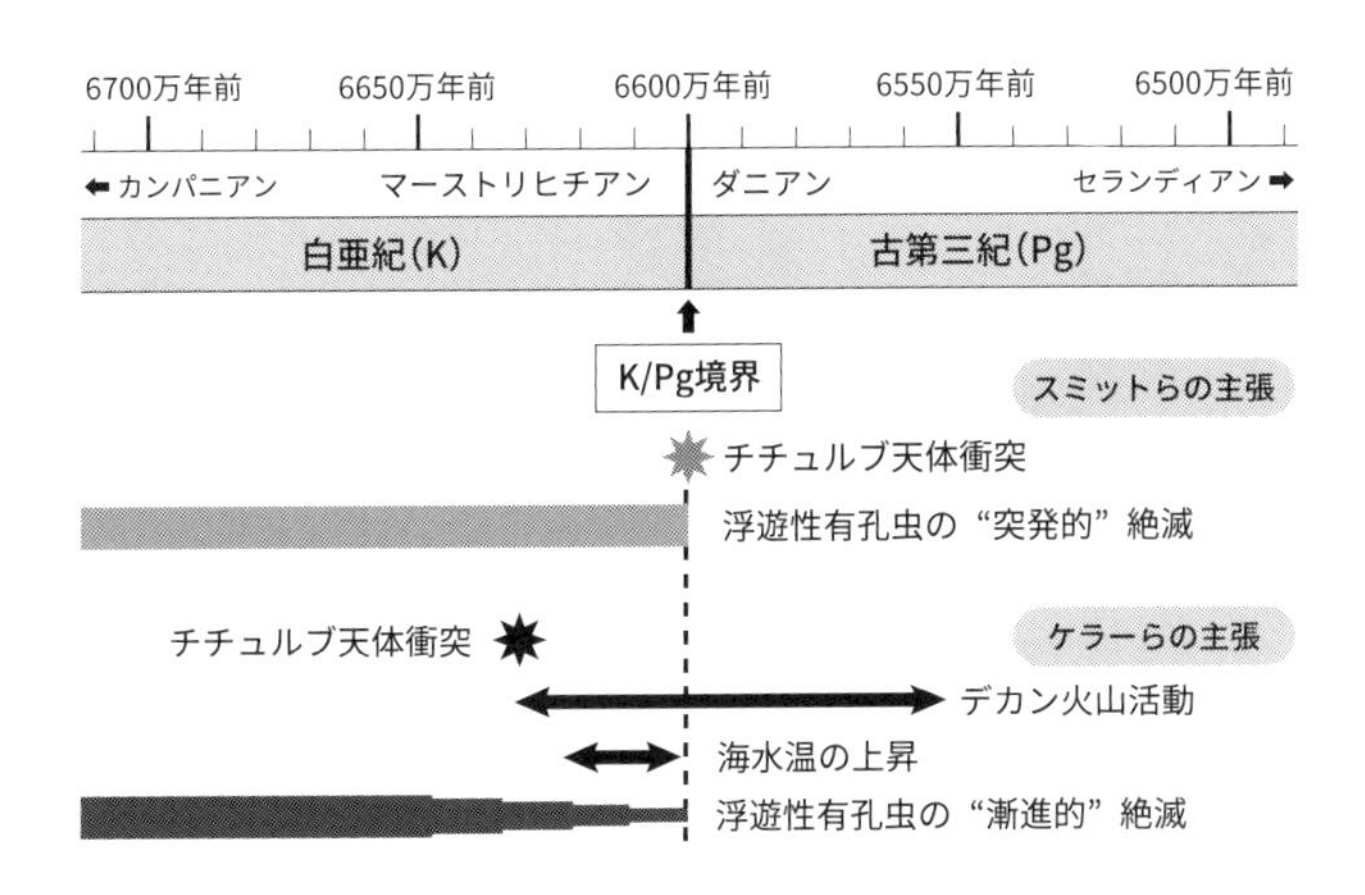

図34　スミットとケラーによる、浮遊性有孔虫の絶滅と、その引き金となるイベントの年代関係

ユルブ衝突で形成された角礫岩の最上部に見られる、例の五〇センチの堆積物を調べるうちに、衝突がK／Pg境界の三〇万年前に起こったことに気がつく（ちなみにこのシーンでは、スティネスベックがコア試料に唾をつけてルーペで観察するという、ちょっと信じられない様子も見られる）。約四五分の番組を通して観ると、天体衝突によるK／Pg境界絶滅説には欠陥があり、あたかもケラーらの〝新説〟が、スミット説の弱点をうまく克服したかのような印象を受けるのである。

この番組が放送された二〇〇四年以降、ケラーは多くのメディアに登場するようになる。『ナショナルジオグラフィック』や『ワイアード・サイエンス』などの科学メディアも、たびたびケラーの研究を記事にした。

この頃までに天体衝突説は正しいと広く認知されていたが、ケラーの記事を目にした人々は「恐竜絶滅の原因については諸説あり、研究者間でも議論が続いている」という印象を受けただろう。

〝ケラー説〟はメディアを通じて少しずつ、一般社会に浸透していったのだ。

一方で、チチュルブ衝突による大量絶滅説を研究するグループも確実に成果を上げていた。しかし、彼らの研究がメディアに取り上げられることはほとんどなかった。これは天体衝突理論を研究する者にとって、もはや見過ごすことのできない問題となりつつあった。K／Pg境界研究の日本におけるフロントランナーである後藤和久氏は、当時の雰囲気を次のように振り返っている。[27]

> 私たち専門家と、一般社会の考えがズレはじめていることは、私たちに大きな危機感を抱かせることになりました。この責任は、明らかに私たち衝突説支持者にあります。（中略）証拠に基づいて仮説を組み立てる科学の手順とは無関係に、衝突説が誤りだったと世間に印象を持たれているとしたら大問題です。そこで、衝突説が多くの証拠に基づいて確立していることを広く世間に再確認してもらうことは、K／Pg境界の研究をしている者の責務であると考えるようになりました。

もう放ってはおけない

ケラーらの研究がメディアを通じて大々的に報じられても、ほとんどの研究者は彼女らの解釈が誤っていると認識していた。私もその一人であった。しかし、実際に世間一般では「諸説あり」とする考えが広まりつつあり、K／Pg境界研究の最前線で新たなクレーター掘削計画を進めていたグループにとって、ケラーらの動向はもはや野放しにできなくなっていた。

ドイツ・エアランゲン大学の新進気鋭の堆積学者ピーター・シュルテは、二〇〇八年に『アース・アンド・プラネタリー・サイエンス・レターズ』という地球科学の雑誌で、ケラーが進めてきた研究には多くの誤りがあることを示そうとした[28]。

シュルテの経歴は少し変わっている。彼は大学院生時代、ケラーの共同研究者であるヴォルフガング・スティネスベックに師事し、メキシコ湾一帯でK/Pg境界を研究していた。しかし彼は自分の目で確認するうちに、スティネスベックの解釈が誤っていることに気がついた。そして学位取得後は指導教員と袂を分かち、チチュルブ・クレーターを形成した天体衝突の堆積物について、多くの研究成果を上げることになる[29]。

シュルテらが提出した前出の論文では、感情的な強い口調でケラーらの研究が非難されている。

> この論文の驚くべき結論の根拠を示すために用いられたデータや解釈は、不十分で、矛盾しており、部分的に誤りである。（中略）異常な結論は異常な証拠を必要とするのである。

やられたらやり返すのがケラーの行動原則だ。シュルテの批判に対しても彼女は猛然と応酬し[30]、論文の冒頭で次のように攻撃した。

> 彼らは、チチュルブ衝突が大量絶滅を引き起こしたと信じ込んでいるために、K/Pg境界はスフェルール層と同じ位置にあるべきだと考えている。テキサスその他のK/Pg境界の記録に対する彼らの理解不足と、思い違いと、誤解釈をあきらかにする機会を与えられたことに感謝します。

こうした議論のあとも、ケラーの研究はさまざまなメディアに取り上げられた。二〇〇九年以降は、K/Pg境界のイリジウム異常でさえデカン・トラップ火山活動に由来する可能性について言及し、ますます世間の注目を集めた。

「もう放ってはおけない」。シュルテを中心とした研究グループは、チチュルブ衝突と大量絶滅の議論に〝決着をつける〟論文の作成にとりかかった。[31]

勝利宣言

二〇一〇年三月、ピーター・シュルテを筆頭とする四一名の研究者による総説論文が『サイエンス』に掲載された。[32]「チチュルブ天体衝突と白亜紀/古第三紀境界の大量絶滅」と題されたこの論文は、チチュルブ衝突が大量絶滅を導いた犯人であることを世間に伝える一方で、ゲルタ・ケラーらの多重天体衝突説や火山説がいかにまちがっているかを解説するという役割を担っていた。

私の調べでは、論文の全文字量のじつに三割がケラーらの説の批判にあてられている。また、補足説明のためにつけられた一七図のうち一二図がケラーらの論文の誤りを指摘するために用いられた。地質学分野では見たことのないスケールで、対立する研究グループの仮説への反証が行なわれたのだ。[33]

この論文では、表と裏のパートが交互に展開されている。まず表のパートでは、ルイス・アルヴァレスの衝突説の登場以降、これまで蓄積してきた研究成果が解説されている。シュルテら四一名の著者がまとめ上げた膨大なデータからは、圧倒的な説得力をもって、チチュルブ衝突による大量絶滅の正当性が感じられる。一方、論文の裏パートは基本的に、シュルテが二〇〇八年にアース・

アンド・プラネタリー・サイエンス・レターズ誌で展開したケラー批判の延長線上にある。私が特に印象的に感じたのは、次のことだ。

ケラーの説でもっとも厄介な点はやはり、チチュルブ衝突がK／Pg境界の三〇万年前に起こったという主張だろう。その論拠は、衝突による角礫岩の上部から白亜紀の浮遊性有孔虫化石を彼女が見いだしたことだ。さらに、テキサス州の調査でK／Pg境界より一・五メートル下に黄色粘土層を発見し、これこそがチチュルブ衝突のイジェクタと結論づけた。

ところがシュルテらの論文によれば、白亜紀の浮遊性有孔虫はドロマイトと呼ばれる鉱物の見まちがいであり、黄色粘土層はイジェクタではなく、火山起源である。これらの事実が、鉱物学的なデータと写真ではっきりと示されたのだ。ケラーがもち出した証拠は、完全に誤りである――私を始め、論文を読んだすべての地質学者がそう思っただろう。

この論文のプレスリリースは、世界一二か国で同時に配信された。その内容はマスコミに歓迎され、新聞を始めとする各種メディアを通じて、大々的に報じられた。シュルテらの論文はとにかく読みやすく、一般読者でも彼らの説に正当性があることが理解できた。そしてこの論文は、天体衝突理論の支持者による「勝利宣言書」として広く認知されることになった。

反チチュルブ連合

「非常に長いサイエンス誌の歴史のなかで、これほどひどい論文は見たことがない」

ゲルタ・ケラーとヴァンサン・クルティヨらは、二〇一〇年五月六日のヨーロッパ地球科学連合の年会において、プレス向けの共同発表会を行なった。彼らはシュルテらの論文を非難し、自身の多重天体衝突説やデカン・トラップ火山説が正しいと主張した。

クルティヨは発表会の最後に、ケラーと自分、そしてもう一つの研究グループによるシュルテ論文へのコメントが、五月一四日号か五月二一日号の『サイエンス』に掲載されるとあきらかにした。サイエンス誌が設定するプレス向け報道解禁日を破っての告知であったため、司会者があわてて話をさえぎったが、多くのメディアが集まるなかで彼らは論文の宣伝に成功した。クルティヨの表情からは、たしかな自信と手応えが見てとれる。

ところが、その論文が予告どおりに二〇一〇年五月二一日号の『サイエンス』に現われたとき、メディアはほとんど関心を示さなかった。論文ではこれまでと同様に、チチュルブ衝突がK／Pg境界以前に起こったこと、デカン火山活動で放出される二酸化硫黄の量がチチュルブに匹敵することなどを、自らの論文を引用して主張した。[34] しかし、主要メディアが記事として取り上げることはなかった。

また、同じ号でデイヴィッド・アーチバルドやウィリアム・クレメンスなど総勢二九名の研究者が、シュルテらのチチュルブ衝突による大量絶滅説には問題があるという声明を発表した。[35]

冒頭では「衝突による大量絶滅という統一見解を唱えているにもかかわらず、ピーター・シュルテを始めとする四一名の著者には、恐竜を含む陸上の脊椎動物や、淡水棲の脊椎動物・無脊椎動物を専門とする研究者の名前を欠いている」と、まずはその研究体制を批判した。そして、白亜紀末の絶滅には、海水準の変化や火山活動など、さまざまな環境変動が複合的に関連していることを指摘し、けっしてチチュルブ衝突だけが大量絶滅の原因ではないことを示そうとした。だが、総勢二九名にもおよぶ著者が名を連ねたにもかかわらず、一般社会どころか研究者でさえ関心をもたなかった。

私自身も、シュルテらの総説論文が世に現われたとき、もはやK／Pg境界の絶滅はチチュルブ衝突で完全に決着がついたものと考えていた。天体衝突仮説はさまざまな検証を乗り越え、一つの理論を確立したのだ。

長い論争の果てに

シュルテら四一名の研究者による勝利宣言から二年の月日が流れた、二〇一二年九月。「正しい」と認められたチチュルブ衝突による大量絶滅説は、地球科学分野の隅々にまで浸透していた。衝突理論の支持者は、ふたたび研究の歯車を回し始めた。新たなチチュルブ・クレーター掘削計画も控えている。すべてが順調だ。

一方、ケラーら反チチュルブ連合の研究は、この二年間ですっかり影を潜めてしまった。私が参加したシュラトミンクの国際堆積学会（プロローグ）では、ゲルタ・ケラーの名を冠した発表は議論されることも、聴衆の話題となることもなかった。存在しないものとして扱われているようにさえ、私には感じられた。

もちろん、ケラーによるシュルテ論文の辛辣な批判は引き続き行なわれたし、多重天体衝突説や火山説にかんする新たな論文も出た。[36] しかしそれらは一般社会から隔離された、狭い研究の世界での出来事となっていた。二〇一〇年以降、チチュルブ衝突説を疑うニュースが私たちのもとに届けられることは、すっかりなくなっていた。研究者がメディアをうまく利用できれば、学問全体の流れを決定づけるほど大きな力を得ることを、シュルテ論文はまざまざと見せつけた。もちろん、彼らの論文にはそれだけの説得力があった。

——しかし、私はなにかが気になり始めていた。

チチュルブ衝突がK/Pg境界で起こったことに疑いはない。だが、大量絶滅は衝突説だけで本当に決着したのか？　なにか見落としている点はないだろうか？　シュラトミンクの国際会議から帰ったら、私はあえてもう一度、K/Pg境界について調べてみようという気になっていた。これまでの研究の経緯をていねいに追うことで、自身の研究に役立つこともあるかもしれない。

最初はそれくらいの気持ちだったが、始めてみると容易な作業ではないことがすぐにわかった。シュルテらの論文で引用されている情報源をたどるうちに、あっという間に読むべき文献の数は数百に達した。論文で議論される内容は幅広く、それぞれが各分野の最先端である。K/Pg境界を理解するため、私は新しい知識を補いながら少しずつ作業を進めていった。

そして、ある考えが浮かんだ。きっかけは、自分の専門分野だった。衝突の影響を真っ先に受けるはずなのに、平然と生き延びた〝ある生物〟がいる。チチュルブ衝突で予想される環境変動が本当に起こっていれば、世界のどこであれ、この生物は生き延びられない。

見落とされていたのは、これなのか？

第13章

検証

生きた放散虫

船は苦手だ。

天草の島で生まれ育ったにもかかわらず、私は船にめっぽう弱い。

二〇一二年一二月、シュラトミンクから日本に戻って三か月が過ぎようとしていた。私は沖縄を訪れ、「美ら海水族館」からも見える瀬底島で、琉球大学の調査船を使った実習に参加していた。目的は、ある海洋プランクトンを採取し、観察することだ。

私が探していたのは、放散虫。

海の動物プランクトンである放散虫は、大きさがわずか〇・一〜〇・二ミリ程度。ケイ素からなる骨格や殻をもつため化石になりやすく、さまざまな時代で、地層が堆積した年代を示す「示準化石」として利用される（第8章も参照）。沖縄で観察した〝生きた放散虫〟は、信じられないほど美しく、さながら精巧に作られたガラス細工のようだった。ふだん私が目にする放散虫の化石にはない躍動感を備えている。

放散虫は単独生活をするプランクトンで、生態についてはよくわかっていない。群れを作らないため、多くの生きた個体を集めて飼育することが難しいからだ。しかし、栄養摂取の方法については観察からわかっていることがある。

まず放散虫は、積極的に餌をとりにいく。捕食するのは、シアノバクテリアや珪藻などの植物プランクトンが中心である。活きのよい、運動性の高いプランクトンを好む傾向にあるようだ。細い糸状の細胞を巧みに動かし、植物プランクトンを捕まえる様子が確認されている。そして放散虫のなかには、体内に共生藻類を飼う種が存在する。このような種は、共生藻類の光合成産物から栄養をとる。したがって、暗い環境で培養した放散虫のほうが、光を当てた場合に比べて生存期間が短いというデータもある。[1]

放散虫が生きていくには〝太陽の光と光合成〟が重要なのだ。

仮説と理論

ルイス・アルヴァレスが一九八〇年に発表した論文から現在に至るまで、K／Pg境界における大量絶滅は「生食連鎖（生きた植物が関与する食物連鎖）の崩壊」にその原因が求められてきた。海では化石記録やストレンジラブ・オーシャン説から海洋プランクトンの絶滅が示され、陸では被子植物の激減とシダ植物の急増が確認された。いずれも、一九八〇年代の前半にはわかっていたことだ。

ウォルター・アルヴァレスは、これまで何度も「大量絶滅の天体衝突理論」という言葉を使ってきた。[2]そしていま、その「理論」と呼ばれるものの詳細が、ピーター・シュルテら四一名の科学者によりまとめ上げられた。

科学における理論とは、いくつかの法則を論理的に結びつけたものである。しかし、過去に起こった出来事を実際にたしかめることができない地質学においては、いくつかの〝仮説〟を論理的に結びつけることで理論がつくられる。そして天体衝突理論も、次のように仮説が連結されている。[3]

①チチュルブ衝突仮説……………六六〇〇万年前に、直径約一〇キロの巨大隕石が現在のユカタン半島に衝突した。

②衝突の冬仮説…………………①により放出された塵、煤、硫酸エアロゾルなどが、海洋の表層に届く太陽光を遮断した。

③光合成停止仮説………………②により光合成が抑制され、基礎生産(生食連鎖の起点となる有機物を光合成で作る)を支える海洋プランクトンや陸上植物が絶滅した。

④生食連鎖崩壊仮説……………③により高次捕食者が飢餓に陥り、生食連鎖の崩壊と大量絶滅が起こった。一方でデトリタス(糞や死骸など)を食べる生物は、それほど影響を受けなかった。

これまで本書に登場したさまざまな論争は、この四つの仮説のいずれかへの反証とみなせる。たとえばゲルタ・ケラーは、「①チチュルブ衝突仮説」への反証をあげ続けてきた。これについては、ピーター・シュルテら四一名の論文で決着とみなされたことを前章で述べた。「②衝突の冬仮説」は、いくつかの方法で太陽光の遮断のしくみと影響が検討され、その期間は数年間におよんだと現在では考えられている。
しかし、「③光合成停止仮説」に至ったところで、見過ごすことのできない問題が浮上する。海洋の生食連鎖において、最初に植物プランクトンを食べ、自身も高次捕食者の餌となるはずの海洋プランクトンである放散虫は〝まったく絶滅していなかった〟のだ。
ニュージーランドの地層で確認された放散虫二三種の絶滅率は、なんと〇％である。さらにこの地層から、天体衝突のあとで、円石藻や浮遊性有孔虫に代わって放散虫と珪藻の海洋生産が増えていたこともあきらかになった。[4]
この事実は、「②衝突の冬仮説」および「③光合成停止仮説」と、まったく相容れないデータである。私たちはこの期におよんで、まだなにか見落としているというのだろうか？

再検証

なにはともあれ、この二つの仮説を見直していこう。まずは衝突の冬仮説からだ。

ルイス・アルヴァレスが期間を三年と推定した、衝突の塵による太陽光の遮断は、一九八一年の第一回スノーバード会議で否定された（第7章）。ＮＡＳＡエイムズ研究所のブライアン・トゥーンの計算では、放出された塵が推定よりはるかに多かったとしても、衝突の冬はせいぜい三か月しかない。ルイス・アルヴァレスと対立した古生物学者ウィリアム・クレメンスが示したように、この程度であれば、もとから寒い極域近くに棲んでいた恐竜は生き延びることができただろう。

次に、ウェンディ・ウォルバックによる煤の影響を再検証してみよう。彼女の研究では、衝突による森林火災で生じた煤は非常に小さいため、大気中にとどまる微小な煤の粒子が地球規模での太陽光遮断を引き起こすはずである（第10章）。しかし二〇〇〇年代に入ると、このK／Pg境界で起こったとされる「森林火災」と「煤」について否定的な意見が出された。その最たるものは、そもそも天体衝突による森林火災は起こらなかったとする研究だ。

K／Pg境界の地層からは、煤とともに炭化片（チャコール）が見つかることがある。これも煤と同様に、衝突による森林火災で生じたものと考えられてきた。しかし、この炭化片を観察したイギリス・カーディフ大学の大気汚染物質の専門家ティモシー・ジョーンズは、元の木は〝生きた〟状態で燃えたのではなく、〝死後〟十分な時間が経ってから燃焼していることを見抜いた[5]。

また、K／Pg境界の炭化片は、そもそも衝突地点に近い北米では見つかっていない。このことは、衝突による大規模な森林火災は起こらず、発見された炭化片は衝突とは関係のないローカルな火災現象の産物であることを物語っている[6]。

では、実際に世界中のK／Pg境界から見つかる煤はどう説明されるのだろうか。ここで、煤の生成について残されていた宿題を思い出してほしい。そう、煤は森林火災の産物とは限らず、有機物に富んだ地層や石油の燃焼でもつくることができるのだ。そしてチチュルブの衝突地点には、有機物に富んだ地層が埋没していることがわかった[7]。このような地層中の有機物が煤の起源となった場合、世界的な太陽光の遮断を引き起こすほどの量にはならないと考えられる[8]。

塵も煤もダメなら、最後に可能性が残ったのは「硫酸エアロゾル」である。チチュルブの衝突地点には石灰岩とともに石膏が埋蔵されていた。石膏には大量の硫黄が含まれており、衝突で二酸化硫黄や三酸化硫黄の硫黄ガスが放出される。これらは大気中の水蒸気と結びつき、硫酸エアロゾルという微粒子を形成する。これが著しく太陽光を遮断するのだ（第11章）。

ＮＡＳＡジェット推進研究所のケヴィン・ポープの推定では、チチュルブ衝突による硫酸エアロゾルの影響で、地表に届く太陽光は八〜一三年にわたり一〇〜二〇パーセント以下にまで低下する。これほど長期間、地表に暗黒の時代が訪れるなら、これこそが「衝突の冬仮説」の本丸である。

反転

ところが二〇一四年、ながらく信じられてきた衝突の冬仮説を覆す驚くべき論文が、日本から発信された。千葉工業大学惑星探査研究センターの大野宗祐氏は、論文の切れ味とは真逆の穏やかな雰囲気をもった研究者だが、彼の放った論文は落ち着きつつあった衝突の冬仮説を根底から覆した。大野氏は、チチュルブ衝突地点の石膏からどのようにして硫黄ガスが大気中に放出されたかを室内実験によって検証し、放出される硫黄ガスはほとんどが三酸化硫黄であることを示した[9]。

これはきわめて重要な結果である。

放出される硫黄ガスが二酸化硫黄なら、太陽光による化学反応を経て、ゆっくりと硫酸エアロゾルへ変換される。この場合、数年以上にわたり衝突の冬を引き起こすことができる。

しかし、もし三酸化硫黄が放出されると、状況はまったく異なる。大気中ですみやかに水蒸気と結びつき、瞬時に大量の硫酸エアロゾルを形成するのだ。そしてこれは、クレーターから放出された微小な岩片を核として、二〜三日のうちにすべて硫酸の雨として地表に降りてくる。つまり、三酸化硫黄が放出された場合、太陽光の遮断は〝たった二〜三日しか続かない〟のだ。

もう一つ、大野氏は重要な点を指摘している。彼の実験にもとづくと、衝突から数日のうちに降りそそぐ硫酸の雨により、海洋の表層では著しい酸性化が進んだ。これまでの研究でも硫酸の雨が生態系に与える影響は指摘されてきたが、酸性雨は数年にわたりゆっくり続いたとされ、膨大な海水を蓄えた海洋では、酸性化の影響はそれほど大きくないと考えられてきた。[10]

大野氏が新たに提唱した、短期間で大量の硫酸の雨による海洋の著しい酸性化を、本書では「海洋超酸性化仮説」と呼ぶことにしよう。これが生物に与えた影響は、のちほど詳しく見ていく。

さらなる疑問

このように、チチュルブ衝突による「衝突の冬」は起こらなかった可能性が浮上してきた。では、この仮説と強く結びついた、植物プランクトンや植物の「光合成停止仮説」はどうだろうか。まずは、化石記録が豊富に残る、海洋の現象を中心に見ていこう。

この仮説で重要な、白亜紀末に生息していた海洋プランクトンは、六つのグループが知られている。サイズの小さいものから順にならべると、次のようになる。

〈シアノバクテリア〉……植物プランクトン。光合成を行なう細菌。藍藻ともいう。
〈円石藻〉……植物プランクトン。炭酸カルシウムの鱗片（円石）をもつ。
〈珪藻〉……植物プランクトン。ケイ素の殻をもつ。
〈渦鞭毛藻〉……動物プランクトン。ほかのプランクトンを捕食し、光合成も行なう。
〈放散虫〉……動物プランクトン。ケイ素の殻をもつ。光合成共生藻類や、ほかのプランクトンを捕食する。

〈浮遊性有孔虫〉…………動物プランクトン。炭酸カルシウムの殻をもつ。光合成共生藻類や、ほかのプランクトンを捕食する。

このうちもっとも重要なものは、もっとも体サイズが小さいシアノバクテリアだ。大きくても二ミクロンしかないこの植物プランクトンは、動物プランクトン（渦鞭毛藻、放散虫、浮遊性有孔虫）の餌になり海洋の生食連鎖の〝基礎の基礎〟を支えている。K／Pg境界で絶滅しなかった放散虫も、これらを捕食して生きているのだ。

しかし、非常に小さいシアノバクテリアはケイ素や炭酸カルシウムの殻をもたないので、化石としては残らない。そのため、K／Pg境界での絶滅記録は不明だったが、近年になって化学的なアプローチでその生産量を推定することが可能になった。

マサチューセッツ工科大学のポスドク研究員だった有機地球化学者ジュリオ・セプルベダは、炭素と窒素の同位体と、バイオマーカーと呼ばれる環境指標を用いて、K／Pg境界直後のシアノバクテリアの生産量を調べた。しばしば〝化学化石〟と形容されるバイオマーカーは、堆積物に残る有機分子を抽出して同定することで、特定の生物の存在をあきらかにできる。

セプルベダは、スティーヴンス・クリントの有名なK／Pg境界に含まれるバイオマーカーを調べた。ここには厚さ四〇センチの地層断面があり、天体衝突以降の環境変動を詳しく追うことができる。シアノバクテリアの生産量はたしかに天体衝突直後に低下していたが、彼はこの低下期間を一〇〇年以内と推定した[11]。

一〇〇年以内！　これは驚くほど短い期間だ。ストレンジラブ・オーシャンで推定された海洋プランクトン生産量の低下期間は、五〇万〜三〇〇万年という長期間だった。セプルベダが得た結果は、この数千〜数万分の一でしかない。これはどういうことだろうか？

リビング・オーシャン

話を先に進める前に、光合成が停止したとするストレンジラブ・オーシャン（第10章）の妥当性について整理しておこう。

よく調べなおしてみると、このモデルの元になった炭素同位体比のデータから、別の解釈もあることが判明した。「リビング・オーシャン」と呼ばれるモデルである。[12] このモデルのポイントは、ストレンジラブ・オーシャンと異なり、光合成の停止を必要としないことにある。海洋上層にはプランクトンがいて有機物が生産されていたが、〝海底まで輸送されなかった〟と考えるのである。

海洋プランクトンに由来する有機物は、おもに魚などの高次捕食者の糞として塊となり、海底に沈降する。しかし〝もし高次捕食者がいなければ〟この有機物は海底に到達する前に酸化・分解されてしまう。この場合、表層水と深層水の間で、炭素同位体比の深度勾配はできない。深度勾配がないという結果は同じだが、ストレンジラブ・オーシャンとはその理由が異なるのだ。

しかし一方で、海洋上層の高次捕食者の死骸や糞を養分とする、底生有孔虫や二枚貝類の絶滅は知られていないなどの矛盾もあるため、リビング・オーシャンモデルに対しては古生物学者からさまざまな否定的意見が出されている。[13]

いずれにしても、光合成停止で海洋プランクトンの生産量が数十万〜数百万年もの長期間にわたり抑制される必要はなさそうだ。一〇〇年にもみたない短期間のシアノバクテリア生産量の低下。そして、最初にシアノバクテリアを捕食するはずの放散虫や渦鞭毛藻類に〝絶滅が見られない〟という事実。おそらく海洋においては、天体衝突理論で重要と考えられる光合成停止仮説は、かならずしも必要ではない。

生食連鎖

衝突の冬仮説と光合成停止仮説の存在価値に疑いがもたれたいま、その二つを前提とした「④生食連鎖崩壊仮説」についても再調査するべきだろう。この説では、海洋プランクトンを捕食する動物の化石記録が重要となる。捕食動物化石の個体数を多くできれば、それぞれの生物の生活史と絶滅率を検証し、生食連鎖崩壊仮説の妥当性をある程度まで推測することができる。

まず底生無脊椎動物から見ていこう。二枚貝、巻貝、ウミユリ、ウニなど、炭酸カルシウムの殻をつくる生物は化石記録が豊富に残っているが、これらの絶滅率は属という分類レベルでおよそ二〇〜三〇パーセントである。[14] ほかの地質時代と比べると、それほど高い数値ではない。

生食連鎖崩壊仮説では、生きた植物プランクトンを食べる生物の絶滅率が高く、デトリタス（糞や死骸など）を食べる生物の絶滅率が低いとされてきたが、[15] 近年、これは成り立たないことがわかってきた。

たとえば二枚貝は、堆積物中の餌をあさる「沈積物食者」と、エラで海水を濾過して餌をとる

「懸濁物食者」が知られている。デトリタスや細菌を捕食する沈積物食者は、海洋プランクトン減少のあおりをそれほど受けず、懸濁物食者よりも絶滅率は低いと予想されてきた。[16] しかし、大規模な調査で両者の絶滅率に大きな違いは見られず、むしろ分類グループによっては、沈積物食者のほうが絶滅率が高い場合もあった。[17]

海で生食連鎖の頂点に立つ脊椎動物では、モササウルスなどの海生爬虫類の絶滅が知られている。しかし、サメなどの軟骨魚類や、現代型魚類の九割を占める硬骨魚類は絶滅していない[18]（属レベルで一七％以下）。

このように、海洋における「生食連鎖崩壊仮説」は具体的な根拠に乏しい。あくまでも〝現代の生態学的な知見からの推測では、光合成停止仮説によって生食連鎖崩壊仮説が起こりうる〟ということである。

理論の改定

ここで、天体衝突理論をあらためて整理しよう。

新しい研究成果をふまえると、四つの仮説のうち、少なくとも海では、衝突の冬仮説と光合成停止仮説は成立しない可能性が示された。生食連鎖崩壊仮説にも具体的根拠はない。

ではどうするか。理論の改定である。

まずは、大野宗祐氏の研究から導いた「海洋超酸性化仮説」を、衝突の冬仮説に代わって理論に組み込んでみよう。二つの仮説は、次のように結びつけられる。

《海の絶滅》
①チチュルブ衝突仮説　……………六六〇〇万年前に、直径約一〇キロの巨大隕石が現在のユカタン半島に衝突した。
②海洋超酸性化仮説　………………①により形成された硫酸エアロゾルが数日という短期間で硫酸酸性雨として地表に降り注ぎ、海洋上層の著しい酸性化を引き起こした。

次に私たちは、「②海洋超酸性化仮説」の後に結びつけられるような、絶滅をもたらす新しい仮説を構築しなければならない。海洋酸性化については、現在の海洋で起こっていることを参考にして、さまざまな仮説形成が可能である。

また、二億年前の「三畳紀／ジュラ紀境界」の大量絶滅においては、噴出量七〇〇万立方キロメートルという地球史で最大規模の洪水玄武岩の噴出が知られており、これに起因する海洋酸性化の研究がある。これらの情報から、K／Pg境界における海洋プランクトンの絶滅をうまく説明できるかもしれない。

選ばれた被害者

白亜紀の海洋プランクトンには、シアノバクテリア、円石藻、珪藻、渦鞭毛藻、放散虫、浮遊性有孔虫の六つのグループがあることを先に紹介した。そして、このうち絶滅したプランクトンは浮遊性有孔虫と円石藻だけだった（第7章）。海洋超酸性化説は、この二つの絶滅をうまく説明する。

明暗を分けたのは、「炭酸カルシウムの殻」だ。
一般に水深一〇〇メートル以浅に生息する浮遊性有孔虫は、その生活史の特徴として、生殖期になると海洋表層に浮上することが知られている。[19] 生殖期に発生した幼生は、表層で炭酸カルシウムの殻形成を開始する。海洋には、この炭酸カルシウムをつくるために必要なカルシウムイオンと炭酸イオンが十分に存在する。
ところが天体衝突による海洋酸性化は、炭酸イオンの濃度を著しく下げる。そのため浮遊性有孔虫の幼生は炭酸カルシウムの殻がつくれなくなり、個体の分布密度が激減、ついには絶滅が起こったと考えられる。[20]
円石藻についても同様に考えることができる。円石藻は炭酸カルシウムの殻をもつ植物プランクトンで、一〇〇〜二〇〇メートル以浅で光合成を行なわなければならない。浮遊性有孔虫と同じく、海洋酸性化によって繁殖ができなくなり、絶滅したと考えるのが自然である。

アンモナイト類は白亜紀末に絶滅したが、それとよく似た殻形態や軟体部をもつオウムガイ類は絶滅をまぬがれた。この選択的絶滅も、海洋超酸性化仮説はうまく説明する。

両者の生死を決定づけた原因は、やはり繁殖期の幼生発生に関連している可能性が高い。[21] アンモナイト類の幼生は海洋表層でプランクトン生活を送り、一方のオウムガイ類は、孵化直後から深海を生息場としている。その違いが、海洋酸性化の被害の違いとなったのかもしれない。

アンモナイトとともに見つかることが多い、ベレムナイトと呼ばれるイカに似た軟体動物のグループも、K／Pg境界で完全に絶滅している。これも、アンモナイトと同様に幼生期の殻形成がうまくいかなかった可能性が指摘されている。[22] 化石記録が豊富に残る二枚貝も、幼生の時期に海の表層で浮遊するものが選択的に絶滅している。[23]

このように、海洋の酸性化はことごとくそのねらいを幼生期に定めて、海の生物を絶滅に導いているように見える。どんな生物でも、環境変動に対してもっとも脆弱なのは幼生である。

めぐる理論

これまでの考察をふまえて、天体衝突理論の改定をさらに進めよう。海洋超酸性化仮説により、〝炭酸カルシウムの殻を形成する生物〟だけに絶滅が起こった。これを「炭酸カルシウム不飽和仮説」と呼んで、理論を次のように改定してみる。

《海の絶滅》

①チチュルブ衝突仮説　………六六〇〇万年前に、直径約一〇キロの巨大隕石が現在のユカタン半島に衝突した。

②海洋超酸性化仮説　………①により形成された硫酸エアロゾルが数日という短期間で硫酸酸性雨として地表に降り注ぎ、海洋上層の著しい酸性化を引き起こした。

③炭酸カルシウム不飽和仮説　……②により、繁殖期に海洋表層で炭酸カルシウムを必要とする生物が、選択的に絶滅した。

では、逆に考えて「絶滅率の低い生物は耐酸性が強かった、あるいは酸性化と無関係の場所に棲んでいた」と言えるだろうか。

残念ながら現理論ではこの点に整合性がないことを、正直に述べておこう。典型的な例として、魚類が挙げられる。現在の地球で主流の魚類（硬骨魚類）は海洋酸性化に著しく弱い。海水のpH低下によるエラ機能の不全と、体内の塩分濃度低下のためだ。魚類の絶滅率が総じて低いとするK／Pg境界の研究は、海洋超酸性化仮説とは一見矛盾する。

ただし、改定した理論が炭酸カルシウム殻をもつ小さな生物の絶滅をうまく説明できるのは、これらの化石記録が豊富に残っていることと無関係ではないだろう。大型の脊椎動物や、炭酸カルシウム殻をもたない生物の化石は、地層から十分に得られていないのだ。

ここで一つ、はっとさせられることがある。この理論の流れは、一九七八年にデューイ・マクリーンがサイエンス誌に発表した「二酸化炭素による大量絶滅理論」にそっくりである（第2章）。マクリーンはその後、デカン火山活動により放出された二酸化炭素が海洋酸性化を引き起こし、それが炭酸カルシウムの殻をもつ生物の絶滅を導いたと考えた。しかしこの理論は批判され、拒絶され、おとぎ話の一種とみなされ、ついに彼は研究の世界から葬られたのだった。

私がいま議論してきた理論の一部は、結果的にマクリーン理論への回帰である。私たちは理論の渦をもう一度めぐってきて、事実に近づいているのだろうか。それとも、事実にたどり着けない別の渦の中を、グルグルとまわり続けているだけなのだろうか。

六六〇〇万年の時を超えて、私たちは、少しずつだが大量絶滅の謎に近づいていると信じたい。

陸上の絶滅

最後に、硫酸酸性雨を含む衝突理論が海だけでなく陸上の絶滅も説明できるか、検討しておこう。まず、陸上に硫酸が降った証拠は、筑波大学の地球化学者、丸岡照幸氏があきらかにした。彼は湖の堆積物を使って、雨として降った硫酸のゆくえを追った。硫酸が淡水と混じると、すみやかに硫酸イオンと水素イオンに分かれる。淡水中の硫酸イオンは、硫酸還元バクテリアと呼ばれる生物の餌となり、最終的には硫化鉱物として堆積物中に残される。丸岡氏は、湖の堆積物中のK／Pg境界で硫化鉱物が増加した証拠を見つけ、硫酸の雨が降った結果だと推定した。[24]

従来の天体衝突理論では、陸上への影響はどのようなものだったのだろうか。ミルウォーキー公立博物館のピーター・シーハンによると、日光遮断による陸上植物の壊滅的な被害が一次消費者（たとえば植物食の恐竜）を減少させ、生食連鎖の崩壊を引き起こしたという。[25]一方で、生食連鎖に付随した生態系を構成するデトリタス食の昆虫や、それを捕食するトカゲやヘビの仲間は、それほど絶滅率が高くないと考えられてきた。

しかし化石データが蓄積するにつれて、絶滅はデトリタス食の昆虫にも起こっていたことが近年あきらかになった。[26]トカゲやヘビも、種レベルで八三パーセントと非常に高い絶滅率をもつ。[27]

さらに、昆虫や小動物、植物の果実などを食べる鳥類も、K／Pg境界で高い絶滅率を示していた。白亜紀の鳥は現生種とは異なり、歯をもつものもいたが、これら初期の鳥類一七種はすべてK／Pg境界で絶滅している。[28]鳥類と同様の食性を有していたと考えられる哺乳類も、ヘルクリークの化石データが詳細に検討され、七割を超える種が絶滅していたことがわかった。
つまり、恐竜も含めて、陸上に生息していた生物はことごとく絶滅か、それに近い被害を受けたことになる。デトリタス食の生物が生き残ったとするシーハンのアイディアは成り立たず、陸上に生息していた多くの動植物が、甚大な被害を受けたのだ。

このような陸上生物の絶滅は、これまでの天体衝突理論の一部を修正すれば説明できるかもしれない。すなわち、生食連鎖のスタートになる植物の絶滅原因を、疑問が残る「光合成停止」から、証拠がある「酸性雨」に置き換え、次のように論理展開してみる。

《陸の絶滅》

①チチュルブ衝突仮説 ……………… 六六〇〇万年前に、直径約一〇キロの巨大隕石が現在のユカタン半島に衝突した。

②地表超酸性化仮説 ……………… ①により形成された硫酸エアロゾルが、酸性雨として数日という短期間で降り注ぎ、地表の著しい酸性化を引き起こした。

③森林破壊仮説 ……………… ②により、基礎生産を支える森林の陸上植物が絶滅した。

④生食連鎖崩壊仮説 ……………… ③により高次捕食動物が飢餓に陥り、生食連鎖の崩壊と大量絶滅が起こった。また、植物由来のデトリタスの減少で、デトリタス食の生物も絶滅した。

一方、アブダクションという推論法によって、私たちは別の絶滅プロセスも考えることができる。海洋での天体衝突理論をもとに考えると、陸上では次のような理論が可能かもしれない。

《陸の絶滅》

①チチュルブ衝突仮説 ……………… 六六〇〇万年前に、直径約一〇キロの巨大隕石が現在のユカタン半島に衝突した。

②地表超酸性化仮説 ……………… ①により形成された硫酸エアロゾルが、酸性雨として数日という短期間で降り注ぎ、地表の著しい酸性化を引き起こした。

③土壌カルシウム流出仮説 ……… ②により、繁殖期に土壌カルシウムを直接的・間接的に必要とする生物が、選択的な絶滅被害を受けた。

この推論では、海洋と同じように、硫酸の雨が陸上生物の繁殖期に対して影響を与えたと考えている。この点は、現代の酸性雨と生態学にかんする研究が、仮説形成を後押ししてくれる。たとえば現在の北米大陸では、酸性雨による森林土壌のカルシウム流出が深刻な問題となっている。カルシウムに富む餌を食べるカタツムリなどが減少し、その結果、それを捕食する鳥類の生息密度の減少や、産卵数の低下が引き起こされているという[29]。

恐竜の親から子へ

このような現象は、恐竜にも起こったのではないだろうか。鳥類と同じく、恐竜の卵は炭酸カルシウムの殻をもつ。もしかしたら酸性雨の影響で、産卵できなくなったのではないか。あるいは卵の殻が薄くなってしまい、孵化する前に割れたり、水分が蒸発して孵化に失敗したりした可能性も考えられる。

つまり、恐竜を絶滅させた天体衝突の本当の咎とは、子孫断絶にあるのではないだろうか。

生物の絶滅を考えるうえでは、親から子への連鎖がいかに断ち切られるかが重要である。私がここで示した理論は、この点を強調しすぎてバランスを欠き、複雑な自然を単純化しすぎているかもしれない。たとえばこの理論では、海の魚類と同じく、淡水魚の低い絶滅率を説明できない。淡水に生息する生物の耐酸性は、カナダ・オンタリオ州の第223号湖と名づけられた湖に硫酸を流し込む実験で調べられている。この湖では、淡水のpHが五・六以下になるとザリガニが消滅し、五・一まで酸性化すると魚類が完全に消滅した。[30] 同様の実験結果は、オンタリオ州の別の湖でも確認されている。

K/Pg境界で淡水魚の絶滅率が低かった理由として、石灰質土壌による淡水の中和や、衝突地点から放出される酸中和能力の高いカルシウム粒子（ラルナイト）による中和などが提案されているが、[31] 海の例と同様に、未解決の重要な問題である。

私はかつて、あの巨大な恐竜が、衝突の衝撃波や熱波でもだえ苦しみ、絶滅する様子を思い描いていた。あるいは、太陽光が届かない暗い荒地を、植物を求めてさまよう姿だったかもしれない。

もちろん、衝突の冬に代えて酸性化を置くことで、K/Pg境界の絶滅のすべてを説明できるわけではない。しかし、恐竜を絶滅に導いた原因が硫酸雨にある可能性を考えると、その繁殖期にもっと目を向ける必要があるだろう。恐竜は、あれほど厚い卵殻をつくるカルシウムを、どのような食性で摂取していたのだろうか？　そもそも、どれくらいの頻度で卵を産んでいたのだろうか？　土の上だけでなく、酸の影響をより強くうける土中にも産卵されたのだろうか？

地質学の理論は、アブダクション＝仮説形成からスタートする。仮説形成にはまちがいもなければ、正解もない。誰でも自由に、絶滅の原因を想像できる。しかし、〝地質学的根拠〟がなければ、自由は与えられない。

論理的思考は、ひとまずここまでにしよう。また自由を求めてフィールドにおもむき、新たな証拠探しをはじめる時がきたようだ。

エピローグ

チチュルブ衝突がすべての原因か？

本書の最後の章では、一九八〇年から発展してきた天体衝突理論の問題点を整理し、理論の改定を試みた。そして、海洋酸性化を柱とした大量絶滅の可能性を議論した。いくつかの化石記録については改定した理論でうまく説明できるが、これから検討すべき課題も浮き彫りになった。

しかしここで、私たちはなお懐疑的になる必要がある。

ピーター・シュルテら四一名の研究者の〝勝利宣言書〟を、あらためて見てみよう。論文の第一図には、北大西洋のK／Pg境界における、①浮遊性有孔虫の生存期間、②イリジウム濃度、③炭酸カルシウム含有量が示されている。

①からわかるのは、K／Pg境界ぴったりの位置で、浮遊性有孔虫が突発的に絶滅したパターンだ。[1]このことは、前章で考察した海洋酸性化で説明できるだろう。

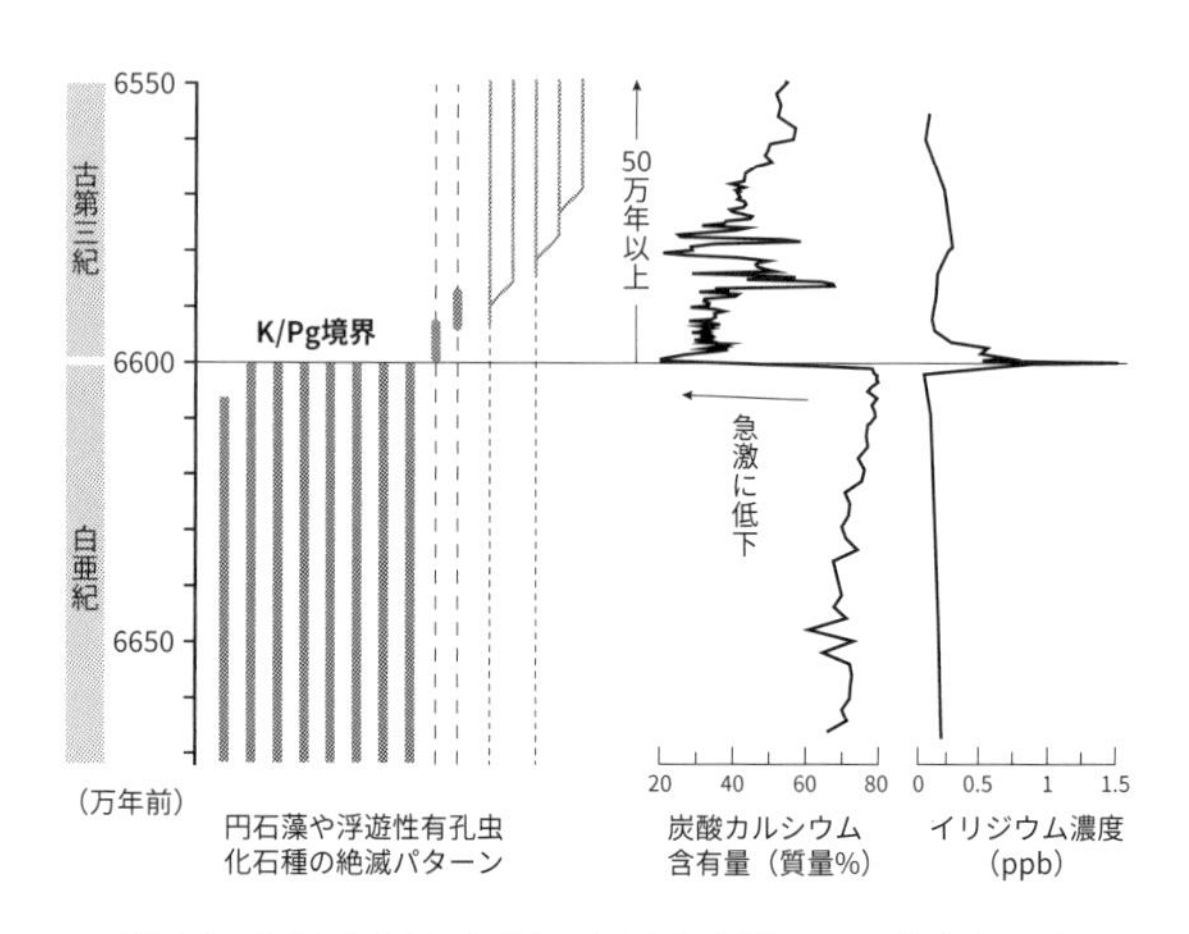

図35　K/Pg境界から50万年以上も低下したままだった炭酸カルシウム含有量の謎

ところが、ここで③炭酸カルシウム含有量に注目すると、あることに気がつく。

シュルテらの論文のあとで公表された大野宗祐氏の研究では、硫酸の雨により、浮遊性有孔虫と円石藻の炭酸カルシウム殻形成が少なくとも数年間は抑制される。

しかしこの図中に示された炭酸カルシウム含有量は、K/Pg境界で急激に低下したあと、五〇万年以上かけてゆっくりと元のレベルに戻っている。「海洋超酸性化仮説」のみでは、これほど長期にわたる炭酸カルシウム含有量の低下は起こらない。

光合成が停止するストレンジラブ・オーシャン説では、この五〇万年を超える炭酸カルシウム含有量の低下は、植物プランクトンである円石藻の生産量低下がおもな理由だと考える。[2] 植物プランクトンというのは、炭素、窒素、リンなどの栄養素があれば、それが枯渇するまで増殖する生き物である。したがって円石藻も、幼生の炭酸カルシウム殻形成が可能なレベルまで海洋酸性化から回復すれば、すぐに生産量を元に戻すだろう。しかし、回復は五〇万年も遅れている。なぜだろうか。なにか別の、円石藻の殻形成を長期にわたり抑制するアイディアが必要だ。残念ながら、改定した衝突理論の「硫酸の雨」のみでは、この長期抑制をうまく説明できない。

候補としてまず考えられるのは、天体衝突による二酸化炭素の放出と、それによる海洋酸性化だ。衝突地点は石灰岩に覆われていたため、大量の二酸化炭素が大気に放出されたはずである。もし現在の約一〇倍、四〇〇〇ｐｐｍ程度まで二酸化炭素濃度を上げることができれば、数万年にわたり濃度の高い状態を維持できるかもしれない。その結果、デューイ・マクリーンが一九七八年に指摘したように、二酸化炭素による海洋酸性化で円石藻の回復を遅らせることができるだろう。

しかしそれでもなお、五〇万年という期間には遠くおよばない。いずれにしても、衝突で放出されたガス成分だけでは、海洋で起こった出来事をすべて説明するのは難しい。

三五年後の新事実

ところが、この問題を解決に導くかもしれない〝新しい事実〟が判明した。本書をここまで読んできた方々は、これからの話に戸惑われるかもしれないが、まずは次の話を聞いてほしい。

私が初めてカリフォルニア大学バークレー校のポール・レニとマーク・リチャーズに会ったのは、二〇一五年一二月に行なわれたアメリカ地球物理科学連合のサンフランシスコ年会だった。一週間で二万人を超える参加者が集まり、多くの研究者が「ポスター・セッション」で自身の成果を発表する。研究内容を記したポスターの前で、ほかの研究者と議論しながら説明できるからだ。

にぎわうポスター・セッションの会場に、ひときわ体格のよい、白髪交じりの顎鬚（あごひげ）をたくわえた研究者が立っていた。年代測定のスペシャリスト、ポール・レニだ。

年代測定のなかでも特に、質量数四〇のカリウムと、それが放射壊変してつくられる質量数四〇のアルゴンを利用した測定法では世界トップクラスの研究者であるレニは、二〇一五年一〇月二日の『サイエンス』に、デカン・トラップのもっとも精度の高い年代測定結果を発表した。[3]

彼はデカン火山活動で噴出した溶岩の年代を調べ、K／Pg境界〝直後〟の五万年以内に、マグマ噴出量が五～一〇倍に急増していたことをあきらかにした。そしてK／Pg境界直後の約五〇万年間で、デカン火山活動における全溶岩噴出量の、じつに七〇パーセントが噴出したという。

この結果を受けて、K／Pg境界にかんする最新の年代をあらためて整理すると次のようになる。デカン・トラップ火山活動は、六六三八万年前（誤差五万年）に始まり、約六六〇〇万年前にマグマ噴出量が急増。六五五四万年前（誤差二万七〇〇〇年）に活動はほぼ終了した。

また、先だって二〇一三年にレニが報告していたK／Pg境界の年代は、六六〇四万年前（誤差八万六〇〇〇年）である。[4] これは天体衝突の年代にピタリと一致するが、デカンのマグマ噴出量が急増したタイミングも、同じくほぼ一致している。

K／Pg境界でデカン火山活動のマグマ噴出量が増加したことは、ヴァンサン・クルティヨらが指摘していた（第7章）。彼らとポール・レニの違いは、クルティヨらがK／Pg境界をピークに〝境界る。

の前後で〝急増したと考えていたのに対して、レニらは〝境界の直後に〟急増したと考えた点である。

デカン火山活動のマグマ噴出量が急増したタイミングが、天体衝突と一致する。これは偶然だろうか？

マーク・リチャーズの検討によると、K／Pg境界の直後にデカン・トラップの洪水玄武岩の化学組成が大きく変わっている。よりマントル成分に富んだマグマの噴出にシフトしたというのだ。[5] そしてその原因は、チチュルブ衝突により引き起こされた「マグニチュード一一クラスの地震」だと彼は考えている。この巨大な地震で地下のマグマの移動量が増え、マントル由来のマグマが地下深部から上昇できるようになったという。

この現象をリチャーズは、ある科学メディアサイトの取材に次のように説明している。[6]「ボウルに濡らした砂を入れて揺らすと、液状化が起こって水が噴き出す。それと同じことですよ。歴史記録に残っているとおり、火山噴火が地震に誘発されることもあるのです」。

リチャーズの論文でもう一つ私を驚かせたのは、第二著者がなんと、あのウォルター・アルヴァレスだったことだ。絶滅の火山説を強く否定していた彼が、デカン火山活動にかんする論文に名を連ねているのだ。

新仮説

レニとリチャーズは「サイエンス」論文の最後で、K／Pg境界で倍増したデカン火山活動が、その後五〇万年間にわたり続いたことに言及し、それが大量絶滅からの回復を〝遅らせた〟原因となった可能性を指摘している。具体的な理由を彼らは述べていないが、火山活動については本書でも詳しく紹介してきた。

デカン火山活動で放出された二酸化硫黄の総量は六八〇〇～一万七〇〇〇ギガトンにおよぶと推計され、K／Pg境界の年代とほぼ同時期に起こった噴出で短期間に一〇〇ギガトンの二酸化硫黄が放出されたとする研究がある（第12章を参照）。この推定量は、超巨大火山として参照されるインドネシア・トバ火山の一〇〇倍に達する。

もし、レニとリチャーズの仮説「天体衝突によってデカン火山活動が激発した」というアイディアを採用するなら、先に述べた炭酸カルシウムの五〇万年問題は、次のように説明できるだろう。

まず六六〇〇万年前に、直径一〇キロの巨大隕石が衝突した。大気に放出された三酸化硫黄により硫酸エアロゾルが形成され、その後二～三日にわたり強烈な硫酸の雨が海洋に降り注いだ。その結果、海洋表層に生息していた炭酸カルシウムの殻をもつ浮遊性有孔虫や円石藻が突発的に絶滅する。

一方、地球の反対側では、衝突が引き金となってデカン火山活動が急激に活発化した。膨大な量の溶岩流出は、その後五〇万年も続いた。そのため、火山性の二酸化硫黄や二酸化炭素による海洋酸性化も同じく五〇万年間続き、これが円石藻の生産量回復を阻害する原因となった。[7]

デカン火山活動が海洋酸性化を導いたとするのは、いまのところ根拠に乏しい推定である。しかし、その他の時代境界、特に三畳紀／ジュラ紀境界（T／J境界）と、ペルム紀／三畳紀境界（P／T

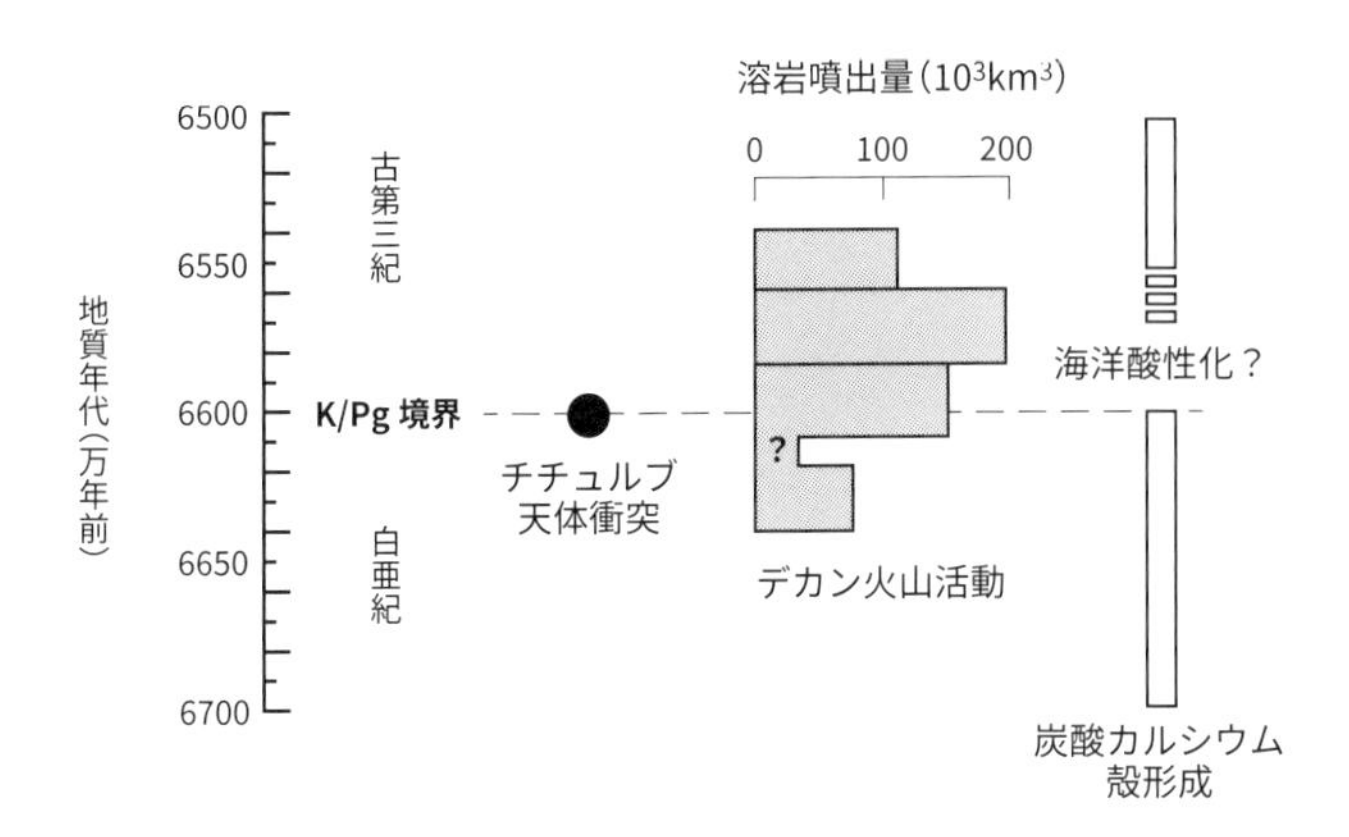

図36　K/Pg境界の〝直後〟にデカン・トラップの溶岩噴出量が急増

境界）では実際に同じことが起こっている。それぞれの境界で、中央大西洋火成岩岩石区、シベリア・トラップと呼ばれる洪水玄武岩の噴出が、海洋酸性化を導いたことが知られているのだ。いずれも、二〇〇万〜三〇〇万年という比較的短期間のうちに一〇〇万立方キロメートルを超える膨大な溶岩噴出をしていた点で、デカン火山活動と共通する。

T／J境界やP／T境界の海洋酸性化は、堆積物中のホウ素やカルシウムの同位体から、当時の海水のpHを復元することであきらかにされている。私が指摘するまでもなく、K／Pg境界でもすでに同様の検討が始まっているだろう。その結果、K／Pg境界での因果関係が示されれば、少なくとも海洋においては、〝天体衝突が絶滅の引き金〟となり〝火山活動がその回復を遅らせた〟といえるだろう。

天体衝突で解決したと思ったら、また火山説である。しかしそれでも私は、レニやリチャーズの研究を心底おもしろいと思った。地質学には、まだやるべき課題が山積みだ。

たったいま、イタリアの共同研究者からショートメールが届いた。胸が踊る調査の誘いだ。

「アラスカの調査に行こう。研究費の申請は来月末まで。週末、役に立つアイディアを頼む」

まだ幕引きの時ではない。

あとがき

窓の外を眺めながら考えた。もし現代、直径数キロの巨大隕石が北米大陸に衝突したら、どうなるだろうか。

ＮＡＳＡは当然、事前に察知するだろう。天体の反射スペクトルから推定される衝突体は、炭素質コンドライト、直径一〇キロ。最悪だ。

モンテカルロ・シミュレーションで予測された衝突地点はカナダのカルガリー。誤差は東西五〇〇キロの範囲に絞られた。世界屈指の化石産地である〝恐竜のふるさと〟に衝突するとはなんとも皮肉なことだが、もしも予測地点の西側に衝突したら、被害はより甚大となる。あそこは、オイルシェールを含む硫黄に富んだ中・古生代の堆積岩が広く分布しているからだ。

もしこの地点に衝突したら、チチュルブ衝突と同様、強烈な硫酸の雨が地球を襲うだろう。北米の主要都市は、衝突による熱放射、地震、衝撃波でほとんど壊滅するに違いない。事前に衝突地点を察知した北米大陸の住人たちは、他国の侵略に踏み切る。なぜなら、衝突の第一波を地下シェルターで乗り切れたとしても、その後の数年間は続く硫酸の雨で、人の住める土地ではなくなるのだ。国家を維持することはできない。

さらに悪いことに、衝突地点の南ではイエローストーン国立公園の地下に蓄えられたマグマがマグニチュード一〇という未曾有の地震で揺さぶられ、破滅的な噴火を起こす。ただでさえ現在、マントル由来のプルームが地表を突き破らんとしているのだ。大量の溶岩噴出はその後、何十年、何百年、あるいは何千年ものあいだ、北米に限らず人類の食料生産に壊滅的な被害をもたらすだろう。もはや、かつての明るい日差しは期待できない。

人類は絶滅してしまうだろうか。まずまちがいなく、食糧難による戦争が全世界で発生し、世界人口は激減する。人類は、よりよい食料生産場、たとえば石灰質の土壌をもつ土地や、バクテリアにより中和の進んだ湖沼を求めて、大陸をさまよう。しかし、上流に山脈がある場所に定住することはおすすめできない。高所に雪といっしょに蓄えられた強烈な酸が、雪解けのたびに下流域に流れ込む。終着点の海洋沿岸では、底生生物の維持や更新はありえない。海洋表層の酸性化も、一向に低下する気配はない。深海の漁場を求めて、海でも争いが起こる。

地球科学の知識がある人なら、こう指摘するかもしれない。「極域に氷床がある〝氷河期〟の現代地球では、大量の酸が氷床に閉じ込められてしまいます。何千年、何万年も先まで、夏の解氷のたびに海洋酸性化が起こるでしょう。K／Pg境界のときのような、温暖な地球のケース・スタディは役に立ちません――」。

妄想の連鎖は止まらない。

しかし、別の研究者が思い描く衝突後の地球は、きっと私とはまったく別のものだろう。結局のところ、過去や未来にタイムスリップできない私たちは、だれかが提案した仮説や理論に対して、検証に次ぐ検証を重ねることくらいしかできない。厳しい検証に耐えた仮説や理論が、次の世代の科学者へと引き継がれる。

このとき試されているのはまぎれもなく、理論を形成する「人」である。私が本書を書くにあたり、科学の前線でなにが起こっているかを、表面上の議論だけではなく、できるだけ研究者の人物像も含めて伝えようと試みたのは、仮説や理論を発信する人々の声を知ることが、科学の本質を理解する最良の方法と考えたからだ。そのため、研究者間の争いや敗れた理論の結末など、あまり語られることのない研究の一面も記すように心がけた。

もし読者の皆さんが、本書で登場した人物の誰かを疑わしく思ったり、あるいは好意的な思いを抱いたりしたなら、それはふだん研究者がもつ感情の一部と同じである。科学は〝心理〟と深い関係がある。それを感じ取ってもらえたなら、リアルな科学の現場を伝えるという本書の目的の一つは、達成されたといえるだろう。

もう一つの目的はもちろん、天体衝突により、どのようにして大量絶滅が引き起こされたのか、その〝ミッシング・リンク〟を解き明かすことにあった。本書の第13章では、粗削りながらも天体衝突による絶滅の新しい理論を提示してみた。もちろん、まだ確証のない段階の理論を披露して活字にするリスクは承知の上である。「研究者として論外」という意見もあるかもしれない。だが、恐竜絶滅にはまだ未解決の謎が残されているとわかったいま、本書に登場してきた研究者たちにならい、新しい道を切り開くための挑戦を続けることが大切なように思う。

K／Pg境界にかんする研究は、これからもさまざまな説が提案され、あるものは生き残り、あるものは淘汰され消え去っていくだろう。しかし、学説の衝突や混迷を、真実への探求とは無関係な「むだなこと」とは考えないでほしい。私たちは、新しい論争がまき起こるたびに、新しい科学知識を手にしてきたはずだ。実際、一九八〇年以前の人たちに「直径数キロの巨大隕石が衝突したらどうなるか」などと問うても、「大きなクレーターができ、周辺が吹き飛ぶ」といった答えしか返ってこなかっただろう。大量絶滅とクレーターの関係は、本書で紹介した多くの科学者たちの論争によって、科学になったのだ。

謝辞

本書の執筆は、二〇一六年四月に発生した熊本地震の翌月から本格的に開始した。この地震により研究室は壊滅的な被害を受け、分析機器はすべて故障、数か月間にわたり実験も研究もできない状態が続いた。このような状況にあって本書の執筆を進めることができたのは、共同研究者、恩師、諸先輩、友人、そして県外の皆様の温かい励ましやご支援があったからである。特に、池原実氏、伊藤孝氏、金原富子氏、清川昌一氏、佐藤峰南氏、白水秀子氏、山崎敦子氏、山口耕生氏、渡辺剛氏、およびウィンディーネットワークの杉本憲一氏には、ひとかたならぬご支援をいただいた。東京大学の後藤和久氏には、本書の原稿について貴重なコメントをいただいた。閑人堂の首藤閑人氏には、原稿をていねいに見ていただくとともに、多くのアドバイスをいただいた。また、妻と二人の息子によるサポートのもとで、自由に研究を進めることができていることは言うまでもない。この場をお借りして、皆様に深く感謝申し上げます。

図版出典一覧

図1, 図5, 図7, 図8, 図10, 図21, 図22, 図23, 図24, 図27：著者撮影
図12, 図16, 図26, 図28, 図29, 図32, 図34：著者作成
図3, 図9, 図11, 図13, 図30：Public domain画像
図2：Lamanna MC et al., 2014, A New Large-Bodied Oviraptorosaurian Theropod Dinosaur from the Latest Cretaceous of Western North America: *PLoS ONE* 9, e92022, doi:10.1371/journal.pone.0092022.g001より作成
図4：ScottRobertAnselmo, https://commons.wikimedia.org/wiki/File:Sue_TRex_Skull_Full_Frontal.JPG
図6：Sprain, C. J. et al., 2015, High-resolution chronostratigraphy of the terrestrial Cretaceous-Paleogene transition and recovery interval in the Hell Creek region, Montana. *Geological Society of America Bulletin*, 127, 393–409より作成
図14：K-TEC group, 1982, K-TEC II：Cretaceous-Tertiary extinctions and possible terrestrial and extraterrestrial causes. *Syllogeus*, No. 39, 1-151より作成
図15：Sloan, R. E. et al., 1986, Gradual dinosaur extinction and simultaneous ungulate radiation in the Hell Creek Formation. *Science*, vol. 232, 629–633より作成
図17：NEON_ja, https://commons.wikimedia.org/wiki/File:Gephyrocapsa_oceanica.jpg / Arz, J. A., Arenillas, I., Nanez, C., 2010, Morphostatistical Analysis of Maastrichtian Populations of Guembelitria from El Kef, Tunisia, *Jour. Foram. Res.*, vol. 40, 148-164より作成
図18：Cj.samson, https://commons.wikimedia.org/wiki/File:Bali_Khila_Rajgad_Maharashtra.jpg
図19：Officer, C. B., Drake, C. L., 1985, Terminal Cretaceous environmental events. *Science*, vol. 227, 1161–1167より作成
図20：DePalma, R.A. et al., 2019, A seismically induced onshore surge deposit at the KPg boundary, North Dakota. *PNAS*, 116, 8190–8199より作成
図25：Ravizza, G., Peucker-Ehrenbrink, B., 2003, Chemostratigraphic evidence of Deccan volcanism from the marine osmium isotope record. *Science*, vol. 302, 1392-1395より作成
図31：Pope, K. O. et al,, Surface expression of the Chicxulub crater. *Geology*, 24, 527-530より作成
図33：後藤和久，2005，The Great Chicxulub Debate：チチュルブ衝突と白亜紀／第三紀境界の同時性をめぐる論争．地質学雑誌，第111巻，193–205頁より作成
図35：Schulte, P. et al., 2010, The Chicxulub asteroid impact and mass extinction at the Cretaceous-Paleogene boundary. *Science*, vol. 327, 1214–1218より作成
図36：Richards, M. A. et al., 2015, Triggering of the largest Deccan eruptions by the Chicxulub impact. *Geological Society of America Bulletin*, vol. 127, 1507–1520.

注

プロローグ

［1］ オルドビス紀末（4億4300万年前）、デボン紀末（3億7200万年前）、ペルム紀末（2億5200万年前）、三畳紀末（2億100万年前）、白亜紀末（6600万年前）。

［2］ Schulte, P., Alegret, L., Arenillas, I., Arz, J. A., Barton, P. J., Bown, P. R., Bralower, T. J., Christeson, G. L., Claeys, P., Cockell, C. S., Collins, G. S., Deutsch, A., Goldin, T. J., Goto, K., Grajales-Nishimura, J. M., Grieve, R. A. F., Gulick, S. P. S., Johnson, K. R., Kiessling, W., Koeberl, C., Kring, D. A., MacLeod, K. G., Matsui, T., Melosh, J., Montanari, A., Morgan, J. V., Neal, C. R., Nichols, D. J., Norris, R. D., Pierazzo, E., Ravizza, G., Rebolledo-Vieyra, M., Reimold, W. U., Robin, E., Salge, T., Speijer, R. P., Sweet, A. R., Urrutia-Fucugauchi, J., Vajda, V., Whalen, M. T., Willumsen, P. S., 2010, The Chicxulub asteroid impact and mass extinction at the Cretaceous-Paleogene boundary. *Science*, vol. 327, 1214–1218.

［3］ Kring, D. A., 2007, The Chicxulub impact event and its environmental consequences at the Cretaceous-Tertiary boundary. *Palaeogeography, Palaeoclimatology, Palaeoecology*, vol. 255, 4–21.

［4］ David, L., 2010, Rock solid link: Asteroid doomed the Dinosaurs, Mar. 4.〈http://www.space.com/scienceastronomy/dinosaur-killing-asteroid-100304.html〉

第1章

［1］ 加古里子［作・絵］『かわ』福音館書店（1966）.

［2］ トレイシー・E・ファーン［文］ボリス・クリコフ［絵］／片岡しのぶ［訳］『バーナムの骨——ティラノサウルスを発見した化石ハンターの物語』光村教育図書（2013）.

［3］ Horner, J. R., Goodwin, M. B., Myhrvold, N., 2011, Dinosaur census reveals abundant Tyrannosaurus and rare ontogenetic stages in the Upper Cretaceous Hell Creek Formation (Maastrichtian), Montana, USA. *Plos One*, vol. 6, e16574.

第2章

［1］ Ward, P. D., 1992, *On Methuselah's Trail: Living Fossils and the Great Extinctions*. St. Martin's Press. ／瀬戸口烈司・原田憲一・大野照文［訳］『メトセラの軌跡——生きた化石と大量絶滅』青土社（1993）.

［2］ Ward, P., 1983, The Extinction of the ammonites. *Scientific American*, vol. 249, 136–147.

［3］ ジェームズ・ローレンス・パウエル／寺嶋英志・瀬戸口烈司［訳］『白亜紀に夜がくる——恐竜の絶滅と現代地質学』青土社（2001）.

［4］ Carlisle, D. B., 1995, *Dinosaurs, diamonds, and things from outer space*. Stanford

University Press.
［5］ McLean, D. M., 1978, A terminal Mesozoic "Greenhouse": Lessons from the past. *Science*, vol. 201, 401–406.
［6］ Browne, M. W., 1978, Doomsday debate: How near is the end? *The New York Times*, Nov. 14.

第3章

［1］ McLean, D., 1996, Dinosaur volcano extinction.〈http://deweymcleanextinctions.com/〉(2016年7月参照)
［2］ Alvarez, W., Engelder, T., Lowrie, W., 1976, Formation of spaced cleavage and folds in brittle limestone by dissolution. *Geology*, vol. 4, 698–701.
［3］ Peirce, C. S./Hartshorne, C., Weiss, P. (eds), 1931–1958, *Collected papers of Charles Sanders Peirce*. Harvard University Press.
［4］ Lowrie, W., Alvarez, W., 1977, Upper Cretaceous-Paleocene magnetic stratigraphy at Gubbio, Italy III. Upper Cretaceous magnetic stratigraphy. *Geological Society of America Bulletin*, vol. 88, 374–377.
［5］［7］［15］［16］ ウォルター・アルヴァレズ／月森左知［訳］『絶滅のクレーター——T・レックス最後の日』新評論（1997）.
［6］ ダーウィン／渡辺政隆［訳］『種の起源（上・下）』〈古典新訳文庫〉光文社（2009）.
［8］［9］［12］［13］［14］ Alvarez, L. W., 1989, *Alvarez: Adventures of a physicist*. Basic Books.
［10］ 読売新聞（朝刊）, 昭和24年12月21日.
［11］ Alvarez, L. W., 1965, A proposal to "X-ray" the Egyptian Pyramids to search for presently unknown chambers. *Lawrence Radiation Laboratory, University of California, Physics Notes*, vol. 544, 1–43.

第4章

［1］ Barker, J. L., Anders, E., 1968, Accretion rate of cosmic matter from iridium and osmium contents of deep-sea sediments. *Geochimica et Cosmochimica Acta*, vol. 32, 627–645.
［2］ Barker, J. L., Anders, E., 1968, Accretion rate of cosmic matter from iridium and osmium contents of deep-sea sediments. *Geochimica et Cosmochimica Acta*, vol. 32, 627–645.
Ganapathy, R, Brownlee, D. E., Hodge, P. W., 1978, Silicate spherules from deep-sea sediments: Confirmation of extraterrestrial origin. *Science*, vol. 201, 1119–1121.
［3］ Michel, H. V., Asaro, F., 1979, Chemical study of the Plate of Brass. *Archaeometry*, vol. 21, 3–19.
［4］ Heizer, R. F., Stross, F., Hester, T. R., Albee, A., Perlman, I., Asaro, F., Bowman, H. , 1973, The Colossi of Memnon revisited. *Science*, vol. 182, 1219–1225.

［5］［6］　リチャード・ミュラー／手塚治虫［監訳］『恐竜はネメシスを見たか』集英社（1987）.
［7］［10］［11］　Alvarez, L. W., 1989, *Alvarez: Adventures of a physicist*. Basic Books.
［8］　ラインホルド・ヘラー／佐藤節子［訳］『ムンク　叫び』みすず書房（1981）.
［9］　Alvarez, L. W., Alvarez, W., Asaro, F., Michel, H. V., 1980, Extraterrestrial cause for the Cretaceous-Tertiary extinction. *Science*, vol. 208, 1095–1108.
［12］［14］　ウォルター・アルヴァレズ／月森左知［訳］『絶滅のクレーター——T・レックス最後の日』新評論（1997）.
［13］　Napier, W. M., Clube, V. M., 1979, A theory of terrestrial catastrophism. *Nature*, vol. 282, 455–459.

第5章

［1］　Urey, H., 1973, Cometary collisions and geological periods. *Nature*, vol. 242, 32–33.
［2］　Web of Science〈https://www.webofknowledge.com/〉の文献被引用回数による.
［3］　ジェームズ・ローレンス・パウエル／寺嶋英志・瀬戸口烈司［訳］『白亜紀に夜がくる——恐竜の絶滅と現代地質学』青土社（2001）.
［4］　Smit, J., Hertogen, J., 1980, An extraterrestrial event at the Cretaceous-Tertiary boundary. *Nature*, vol. 285, 198–200.
［5］　Ganapathy, R., Brownlee, D. E., Hodge, P. W., 1978, Silicate spherules from deep-sea sediments: Confirmation of extraterrestrial origin. *Science*, vol. 201, 1119–1121.
［6］　ウォルター・アルヴァレズ／月森左知［訳］『絶滅のクレーター——T・レックス最後の日』新評論（1997）.
［7］　Zoller, W. H., Parrington, J. R., Kotra, J. M. P., 1983, Iridium Enrichment in airborne particles from Kilauea volcano: January 1983. *Science*, vol. 222, 1118–1121.
［8］　Ganapathy, R., 1980, A major meteorite impact on the Earth 65 million years ago: Evidence from the Cretaceous-Tertiary boundary clay. *Science*, vol. 209, 921–923.
［9］　Kent, D. V., 1981, Asteroid extinction hypothesis. *Science*, vol. 211, 648–650.
［10］［11］　Alvarez, L. W., Alvarez, W., Asaro, F., Michel, H. V., 1981, Asteroid extinction hypothesis. *Science*, vol. 211, 654–656.
［12］　Raup, D., 1999, *The Nemesis affair: A story of the death of dinosaurs and the ways of science*. W W Norton & Co Inc.
［13］　McLean, D. M., 1980, Terminal Cretaceous catastrophe. *Nature*, vol. 287, 760.
［14］　Smit, J., 1980, Terminal Cretaceous catastrophe (reply). *Nature*, vol. 287, 760.
［15］　Hickey, L. J., 1980, Paleontologists and continental drift. *Science*, vol. 210, 1200.
［16］　Clemens, W. A., Archibald, J. D., Hickey, L. J., 1981, Out with a whimper not a bang. *Paleobiology*, vol. 7, 293–298.
［17］［23］　リチャード・ミュラー／手塚治虫［監訳］『恐竜はネメシスを見たか』集英

社（1987）.
［18］Wezel, F. C., 1979, The Scaglia Rossa Formation of central Italy: Results and problems emerging from a regional study. *Ateneo Parmense Acta Naturalia*, vol. 15, 243–259.
［19］Surlyk, F., 1980, The Cretaceous-Tertiary boundary event. *Nature*, vol. 285, 187–188.
［20］Alvarez, W., Lowrie, W., 1981, Upper Cretaceous to Eocene pelagic limestones of the Scaglia Rossa are not Miocene turbidites. *Nature*, vol. 294, 246–248.
［21］Wezel, F. C., 1981, Upper Cretaceous to Eocene pelagic limestones of the Scaglia Rossa are not Miocene turbidites (reply). *Nature*, vol. 294, 248.
［22］Hoffman, A., Nitecki, M. H., 1985, Reception of the asteroid hypothesis of terminal Cretaceous extinctions. *Geology*, vol. 13, 884–887.

第6章

［1］ K-TEC group, 1982, K-TEC II: Cretaceous-Tertiary extinctions and possible terrestrial and extraterrestrial causes. *Syllogeus*, No. 39, 1–151.
［2］［3］［4］［6］［9］ McLean, D., 1996, Dinosaur volcano extinction. 〈http://deweymcleanextinctions.com/〉（2016年7月参照）
［5］ Silver, L. T., Schultz, P. H. (eds), 1982, Geological implications of impacts of large asteroids and comets on the Earth. *Geological Society of America, Special Paper*, vol. 190.
［7］ Fisher, A., 1981, The World's great dyings. *Mosaic*, vol. 12, 2–10.
［8］ ラドヤード・キプリング作／藤松玲子［訳］『ゾウの鼻が長いわけ――キプリングのなぜなぜ話』〈岩波少年文庫〉岩波書店（2014）.
［10］Browne, M. W., 1988, The debate over dinosaur extinctions takes an unusually rancorous turn. *The New York Times*, Jan. 19.
［11］Wilford, J. N., 1985, *The riddle of the dinosaur*. Alfred A. Knopf.

第7章

［1］ Sloan, R. E., Rigby, J. K., Vanvalen, L. M., Gabriel, D., 1986, Gradual dinosaur extinction and simultaneous ungulate radiation in the Hell Creek Formation. *Science*, vol. 232, 629–633.
Hickey, L. J., 1981, Land plant evidence compatible with gradual, not catastrophic, change at the end of the Cretaceous. *Nature*, vol. 292, 529–531.
Alvarez, W., Kauffman, E. G., Surlyk, F., Alvarez, L. W,, Asaro, F., Michel, H. V., 1984, Impact theory of mass extinctions and the invertebrate fossil record. *Science*, vol. 223, 1135–1141.
Bramlette, M. N., Martini, E., 1964, The great change in calcareous nannoplankton fossils between Maestrichtian and Danian. *Micropaleontology*, vol. 10, 291–322.

Thierstein, H. R., Okada, H., 1979, The Cretaceous/Tertiary boundary event in the North Atlantic. *Initial reports of the Deep Sea Drilling Project*, vol. 43, 601–616.

Harwood, D. M., 1988, Upper Cretaceous and lower Paleocene diatom and silicoflagellate biostratigraphy of Seymour Island, eastern Antarctic Peninsula. *Geological Society of America Memoirs*, vol. 169, 55–130.

Thierstein, H. R., 1982, Terminal Cretaceous plankton extinctions: A critical assessment. *Geological Society of America, Special Paper*, vol. 190, 385–400.

[2] Toon, O. B., Pollack, J. B., Ackerman, T. P., Turco, R. P., McKay, C. P., Liu, M. S., 1982, Evolution of an impact-generated dust cloud and its effects on the atmosphere. *Geological Society of America, Special Paper*, vol. 190, 187–200.

[3][4][12] Alvarez, L. W., 1989, *Alvarez: Adventures of a physicist*. Basic Books.

[5] Orth, C. J., Gilmore, J. S., Knight, J. D., Pillmore, C. L., Tschudy, R. H., Fassett, J. E., 1981, An iridium abundance anomaly at the palynological Cretaceous-Tertiary boundary in northern New-Mexico. *Science*, vol. 214, 1341–1343.

[6][18][19] Browne, M. W., 1985, Dinosaur experts resist meteor extinction idea. *The New York Times*, Oct. 29.

[7] Kaneoka, I., 1980, ^{40}Ar/^{39}Ar dating on volcanic rocks of the Deccan Traps, India. *Earth and Planetary Science Letters*, vol. 46, 233–243.

[8] Courtillot, V., Besse, J., Vandamme, D., Montigny, R., Jaeger, J.-J., Cappetta, H., 1986, Deccan flood basalts at the Cretaceous/Tertiary boundary? *Earth and Planetary Science Letters*, vol. 80, 361–374.

[9] Officer, C. B., Drake, C. L., 1985, Terminal Cretaceous environmental events. *Science*, vol. 227, 1161–1167.

[10] Anbar, A. D., Wasserburg, G. J., Papanastassiou, D. A., Andersson, P. S., 1996, Iridium in natural waters. *Science*, vol. 273, 1524–1528.

[11] Naslund, H. R., Officer, C. B., Johnson, G. D., 1986, Microspherules in Upper Cretaceous and Lower Tertiary clay layers at Gubbio, Italy. *Geology*, vol. 14, 923–926.

[13][20] Browne, M. W., 1988, The debate over dinosaur extinctions takes an unusually rancorous turn. *The New York Times*, Jan. 19.

[14][17][22] Alvarez, L. W., 1983, Experimental-evidence that an asteroid impact led to the extinction of many species 65-million years ago. *Proceedings of the National Academy of Sciences of the United States of America*, vol. 80, 627–642.

[15] Hickey, L. J., 1981, Land plant evidence compatible with gradual, not catastrophic, change at the end of the Cretaceous. *Nature*, vol. 292, 529–531.

[16] Clemens, W. A., Archibald, J. D., Hickey, L. J., 1981, Out with a whimper not a bang. *Paleobiology*, vol. 7, 293–298.

[21] Hecht, J., 1988, Evolving theories for old extinctions. *New Scientist*, Nov. 12, 28.

第8章

〔1〕 Onoue, T., Nakamura, T., Haranosono, T., Yasuda, C., 2011, Composition and accretion rate of fossil micrometeorites recovered in Middle Triassic deep-sea deposits. *Geology*, vol. 39, 567–570.

〔2〕 佐藤峰南・尾上哲治，2010，中部日本，美濃帯の上部トリアス系チャートから発見したNiに富むスピネル粒子．地質学雑誌，第116巻，575–578頁．

〔3〕 Onoue, T., Sato, H., Nakamura, T., Noguchi, T., Hidaka, Y., Shirai, N., Ebihara, M., Osawa, T., Hatsukawa, Y., Toh, Y., Koizumi, M., Harada, H., Orchard, M.J., Nedachi, M., 2012, Deep-sea record of impact apparently unrelated to mass extinction in the Late Triassic. *Proceedings of the National Academy of Sciences of the United States of America*, vol. 109, 19134–19139.

〔4〕 Sato, H., Shirai, N., Ebihara, M., Onoue, T., Kiyokawa, S., 2016, Sedimentary PGE signatures in the Late Triassic ejecta deposits from Japan: Implications for the identification of impactor. *Palaeogeography Palaeoclimatology, Palaeoecology*, vol. 442, 36–47.

〔5〕 Peucker-Ehrenbrink, B., Ravizza, G., 2000, The marine osmium isotope record. *Terra Nova*, vol. 12, 205–219.

〔6〕 Paquay, F. S., Ravizza, G. E., Dalai, T. K., Peucker-Ehrenbrink, B., 2008, Determining chondritic impactor size from the marine osmium isotope record. *Science*, vol. 320, 214–218.

〔7〕 佐藤峰南，2013，「日本からみつかった巨大隕石衝突の証拠」発表までの道のり．日本地質学会News，第16巻，9–10頁．

〔8〕 Sato, H., Onoue, T., Nozaki, T., Suzuki, K., 2013, Osmium isotope evidence for a large Late Triassic impact event. *Nature Communications*, vol. 4, 2455.

〔9〕 Raup, D., 1999, *The Nemesis affair: A story of the death of dinosaurs and the ways of science*. W W Norton & Co Inc.

〔10〕 Ravizza, G., Peucker-Ehrenbrink, B., 2003, Chemostratigraphic evidence of Deccan volcanism from the marine osmium isotope record. *Science*, vol. 302, 1392–1395.

第9章

〔1〕 Hedges, C., 2003, PUBLIC LIVES; Where dinosaurs roamed, she throws stones. *The New York Times*, Dec. 17.
Stone, R., 2014, Back from the dead. *Science*, vol. 346, 1281–1283.
Gialanella, D., 2008, Digging for answers. Paleontologist won't back down on theory of dinosaur extinction. *NJ.com*, Jan. 27. 〈http://blog.nj.com/iamnj/2008/01/keller.html〉

〔2〕 Barron, J. A., Keller, G., 1982, Widespread Miocene deep-sea hiatuses: Coincidence with periods of global cooling. *Geology*, vol. 10, 577–581.

Keller, G., Barron, J. A., Burckle, L. H., 1982, North Pacific Late Miocene correlations using microfossils, stable isotopes, percent $CaCO_3$, and magnetostratigraphy. *Marine Micropaleontology*, vol. 7, 327–357.
［3］ Keller, G., D'Hondt, S., Vallier, T. L., 1983, Multiple microtektite horizons in Upper Eocene marine sediments: No evidence for mass extinctions. *Science*, vol. 221, 150–152.
［4］ Smit, J., 1982, Extinction and evolution of planktonic foraminifera after a major impact at the Cretaceous/Tertiary boundary. *Geological Society of America, Special Paper*, vol. 190, 329–352.
［5］ Keller, G., 1988, Extinction, survivorship and evolution of planktic foraminifera across the Cretaceous/Tertiary boundary at El Kef, Tunisia. *Marine Micropaleontology*, vol. 13, 239–263.
［6］ Pessagno, E. A., 1967, Upper Cretaceous planktonic foraminifera from the Western Gulf Coastal Plain. *Paleontographica Americana*, vol. 5, 249–445.
［7］［8］［9］ Kerr, R. A., 1994, Testing an ancient impact's punch. *Science*, vol. 263, 1371-1372.
［10］ Ginsburg, R. N., 1997, An attempt to resolve the controversy over the end-Cretaceous extinction of planktic foraminifera at El Kef, Tunisia using a blind test Introduction: Background and procedures. *Marine Micropaleontology*, vol. 29, 67-68.
Keller, G., 1997, Analysis of El Kef blind test I. *Marine Micropaleontology*, vol. 29, 89-93.
Smit, J., Nederbragt, A. J., 1997, Analysis of the El Kef blind test II. *Marine Micropaleontology*, vol. 29, 94-100.

第10章

［1］［3］ Ward, P. D., 1992, *On Methuselah's Trail: Living Fossils and the Great Extinctions*. St. Martin's Press. ／瀬戸口烈司・原田憲一・大野照文［訳］『メトセラの軌跡——生きた化石と大量絶滅』青土社（1993).
［2］ Ward, P. D., 1988, Maastrichtian ammonite and inoceramid ranges from Bay of Biscay Cretaceous-Tertiary boundary sections. *Revista Espanola de Paleontologia, Extraordinario*, 119–126.
［4］ ジェームズ・ローレンス・パウエル／寺嶋英志・瀬戸口烈司［訳］『白亜紀に夜がくる——恐竜の絶滅と現代地質学』青土社（2001).
［5］ Johnson, K. R., Hickey, L. J., 1990, Megafloral change across the Cretaceous/Tertiary boundary in the northern Great Plains and Rocky Mountains, U.S.A. *Geological Society of America, Special Paper*, vol. 247, 433–444.
［6］ Kerr, R. A., 1991, Dinosaurs and friends snuffed out? *Science*, vol. 251, 160–162.
［7］ Sheehan, P. M., Fastovsky, D. E., Hoffmann, R. G., Berghaus, C. B., Gabriel, D. L., 1991, Sudden extinction of the dinosaurs: latest Cretaceous, upper Great Plains,

U. S. A. *Science*, vol. 254, 835–839.
[8] Turco, R. P., Toon, O. B., Ackerman, T. P., Pollack, J. B., Sagan, C., 1983, Nuclear winter: Global consequences of multiple nuclear explosions. *Science*, vol. 222, 1283–1292.
Ehrich, P. R., Sagan, C., Kennedy, D., Roberts, W. O., 1985, *The cold and the dark: The world after nuclear war*. W. W. Norton & Company.
[9] Hsü, K. J., McKenzie, J. A., 1985, A "Strangelove" ocean in the earliest Tertiary. *American Geophysical Union, Geophysical Monograph*, vol. 32, 487–492.
[10] Wilford, J. N., 1985, Dinosaurs died after a fire swept Earth, scientists say. *The New York Times*, Oct. 4.
[11] Wolbach, W. S., Lewis, R. S., Anders, E., 1985, Cretaceous extinctions: Evidence for wildfires and search for meteoritic material. *Science*, vol. 230, 167-170.
[12] Wolbach, W. S., Gilmour, I., Anders, E., Orth, C. J., Brooks, R. R., 1988, Global fire at the Cretaceous-Tertiary boundary. *Nature*, vol, 334, 665–669.
Wolbach, W. S., Gilmour, I., Anders, E., 1990, Major wildfires at the Cretaceous/Tertiary boundary. *Geological Society of America, Special Paper*, vol. 247, 391–400.
[13] The New York Times, 1988, SCIENCE WATCH ; Global fire is linked to dinosaur's demise. The New York Times, Aug. 30.
[14] Cisowski, S. M., Fuller, M., 1986, Cretaceous extinctions and wildfires. *Science*, vol. 234, 261–262.
[15] Smit, J., Romein, A. J. T., 1985, A sequence of events across the Cretaceous-Tertiary boundary. *Earth and Planetary Science Letters*, vol. 74, 155–170.
[16] Bourgeois, J., Hansen, T. A., Wiberg, P. L., Kauffman, E. G., 1988, A Tsunami deposit at the Cretaceous-Tertiary boundary in Texas. *Science*, vol. 241, 567–570.
[17] Maurrasse, F. J-M. R., 1982, *Survey of the geology of Haiti*. Miami Geological Society.
[18] Hildebrand, A. R., Boynton, W. V., 1990, Proximal Cretaceous-Tertiary boundary impact deposits in the Caribbean. *Science*, vol. 248, 843–847.

第11章

[1][6] Sky and Telescope, 1982, Possible Yucatan impact basin. *Sky and Telescope*, vol. 63, 249–250.
[2] Byars, C., 1981, Mexican site may be link to dinosaur's disappearance. *Houston Chronicle*, Dec. 13.
[3][4][7][9][10][18][19] Verschuur, G. L., 1996, *Impact! The threat of comets and asteroids*: Oxford University Press.
[5][17] Penfield, G. T., 1991, Pre-Alvarez impact. *Natural History*, Nov., 4.
[8] Penfield, G. T., Camargo, Z. A., 1981, Definition of a major igneous zone in the central Yucatán platform with aeromagnetics and gravity. *Technical program, abstracts and biographies* (Society of Exploration Geophysicists 51st annual international meeting), 37.

[11] Hildebrand, A. R., Penfield, G. T., 1990, A buried 180 km-diameter probable impact crater on the Yucatan Peninsula, Mexico. *EOS, Transactions of American Geophysical Union*, vol. 71, 1425.
[12] Hildebrand, A. R., Penfield, G. T., Kring, D. A., Pilkington, M., Camargo, A., Jacobsen, S. B., and Boynton, W. V., 1991, Chicxulub crater: A possible Cretaceous-Tertiary boundary impact crater on the Yucatán Peninsula. Mexico. *Geology*, vol. 19, 867–871.
[13] ウォルター・アルヴァレズ／月森左知［訳］『絶滅のクレーター――T・レックス最後の日』新評論（1997）.
[14] NASA Jet Propulsion Laboratory News, 2003, A 'Smoking Gun' for dinosaur extinction, Mar. 6. 〈https://www.jpl.nasa.gov/news/news.php?feature=8〉
[15] Pope, K. O., Ocampo, A. C., Duller, C. E., 1991, Mexican site for K/T impact crater? *Nature*, vol. 351, 105.
[16] Hildebrand, A. R., Boynton, W. V., 1991, Cretaceous ground zero. *Natural History*, Jun., 47-52.
[20] Swisher, C. C., Grajalesnishimura, J. M., Montanari, A., Margolis, S. V., Claeys, P., Alvarez, W., Renne, P., Cedillopardo, E., Maurrasse, F. J. M. R., Curtis, G. H., Smit, J., Mcwilliams, M. O., 1992, Coeval $^{40}Ar/^{39}Ar$ ages of 65.0 million years ago from Chicxulub crater melt rock and Cretaceous-Tertiary boundary tektites. *Science*, vol. 257, 954–958.
Sharpton, V. L., Dalrymple, G. B., Marin, L. E., Ryder, G., Schuraytz, B. C., Urrutiafucugauchi, J., 1992, New links between the Chicxulub impact structure and the Cretaceous / Tertiary boundary. *Nature*, vol. 359, 819–821.
[21] Kring, D. A., Boynton, W. V., 1992, Petrogenesis of an augite-bearing melt rock in the Chicxulub structure and its relationship to K/T impact spherules in Haiti. *Nature*, vol. 358, 141–144.
[22] Broad, W. J., 1992, Crater supports extinction theory. *The New York Times*, Aug. 14.
[23] McCormick M. P., Thomason L. W., Trepte C. R., 1995, Atmospheric effects of the Mt Pinatubo eruption. *Nature*, vol. 373, 399–404.
[24] 松井孝典『新版　再現！巨大隕石衝突――6500万年前の謎を解く』〈岩波科学ライブラリー〉岩波書店（2009）.

第12章

[1] Smit, J., Montanari, A., Swinburne, N. H. M., Alvarez, W., Hildebrand, A. R., Margolis, S. V., Claeys, P., Lowrie, W., Asaro, F., 1992, Tektite-bearing, deep-water clastic unit at the Cretaceous-Tertiary boundary in northeastern Mexico. *Geology*, vol. 20, 99–103.
[2] Alvarez, W., Smit, J., Lowrie, W., Asaro, F., Margolis, S. V., Claeys, P., Kastner, M., Hildebrand, A. R., 1992, Proximal impact deposits at the Cretaceous-Tertiary boundary in the Gulf of Mexico: A restudy of DSDP Leg 77 Sites 536 and 540.

Geology, vol. 20, 697–700.
［3］ Stinnesbeck, W., Barbarin, J. M., Keller, G., Lopez-Oliva, J. G., Pivnik, D. A., Lyons, J. B., Officer, C. B., Adatte, T., Graup, G., Rocchia, R., Robin, E., 1993, Deposition of channel deposits near the Cretaceous-Tertiary boundary in northeastern Mexico: Catastrophic or "normal" sedimentary deposits? *Geology*, vol. 21, 797–800.
［4］ Keller, G., MacLeod, N., Lyons, J. B., Officer, C. B., 1993, Is there evidence for Cretaceous-Tertiary boundary-age deep-water deposits in the Caribbean and Gulf of Mexico? *Geology*, vol. 21, 776–780.
［5］ Kerr, R. A., 1994, Testing an ancient impact's punch. *Science*, vol. 263, 1371–1372.
［6］ Keller, G., 1994, K-T boundary issues. *Science*, vol. 264, 641.
［7］ Adatte, T., Stinnesbeck, W., Keller, G., 1996, Lithostratigraphic and mineralogic correlations of near-K/T boundary clastic sediments in northeastern Mexico: Implications for origin and nature of deposition. *Geological Society of America, Special Paper*, vol. 307, 211–226.
Keller, G., Lopez-Oliva, J. G., Stinnesbeck, W., Adatte, T., 1997, Age, stratigraphy, and deposition of near-K/T siliciclastic deposits in Mexico: Relation to bolide impact? *Geological Society of America Bulletin*, vol. 109, 410–428.
［8］ Keller, G., Li, L., MacLeod, N., 1995, The Cretaceous/Tertiary boundary stratotype section at E1 Kef, Tunisia: How catastrophic was the mass extinction? *Palaeogeography, Palaeoclimatology, Palaeoecology*, vol. 119, 221–254.
Keller, G., Lopez-Oliva, J. G., Stinnesbeck, W., Adatte, T., 1997, Age, stratigraphy, and deposition of near-K/T siliciclastic deposits in Mexico: Relation to bolide impact? *Geological Society of America Bulletin*, vol. 109, 410–428.
［9］ Ward, W. C., Keller, G., Stinnesbeck, W., Adatte, T., 1995, Yucatan subsurface stratigraphy: Implications and constraints for the Chicxulub impact. *Geology*, vol. 23, 873–876.
［10］ Stinnesbeck, W., Keller, G., Adatte, T., Stüben, D., Kramar, U., Berner, Z., Desremeaux, C., Molière, E., 1999, Beloc, Haiti, revisited: Multiple events across the KT boundary in the Caribbean. *Terra Nova*, vol. 11, 303–310.
Keller, G., Adatte, T., Stinnesbeck, W., Stüben, D., Berner, Z., 2001, Age, chemo- and biostratigraphy of Haiti spherule-rich deposits: A multi-event K–T scenario. *Canadian Journal of Earth Sciences*, vol. 38, 197–227.
［11］ Keller, G., Stinnesbeck, W., Adatte, T., Stüben, D., 2003, Multiple impacts across the Cretaceous-Tertiary boundary. *Earth-Science Reviews*, vol. 62, 327–363.
［12］ その後2009年には、チチュルブ衝突は有孔虫の絶滅になんら影響をあたえなかったとする論文を発表している（Keller, G. et al., 2009, *Journal of Geological Society, London*, vol. 166, 393–411）。
［13］ Li, L., Keller, G., 1998, Abrupt deep-sea warming at the end of the Cretaceous. *Geology*, vol. 26, 995–998.

Li, L., Keller, G., 1999, Variability in Late Cretaceous climate and deep waters: Evidence from stable isotopes. *Marine Geology*, vol. 161, 171–190.

[14] Hofmann, C., Féraud, G., Courtillot, V., 2000, $^{40}Ar/^{39}Ar$ dating of mineral separates and whole rocks from the Western Ghats lava pile: Further constraints on duration and age of the Deccan traps. *Earth and Planetary Science Letters*, vol. 180, 13–27.

[15] López Ramos, E., 1975, Geological summary of the Yucatan peninsula. *The Ocean Basins and Margins*, vol. 3, 257–282.

[16] Keller, G., Adatte, T., Stinnesbeck, W., Rebolledo-Vieyra, M., Urrutia, J., Utz Kramar, F., Stüben, D., 2004, Chicxulub impact predates the K-T boundary mass extinction. *Proceedings of the National Academy of Sciences of the United States of America*, vol. 101, 3753–3758.

[17] 議論の詳細は次の注［18］に詳しく述べられている.

[18] 後藤和久, 2005, The Great Chicxulub Debate：チチュルブ衝突と白亜紀／第三紀境界の同時性をめぐる論争. 地質学雑誌, 第111巻, 193–205頁.

[19] Chenet, A. L., Fluteau, F., Courtillot, V., Gérard, M., Subbarao, K. V. , 2008, Determination of rapid Deccan eruptions across the Cretaceous-Tertiary boundary using paleomagnetic secular variation: Results from a 1200-m-thick section in the Mahabaleshwar escarpment. *Journal of Geophysical Research*, vol. 113, B04101.

Chenet, A. L., Courtillot, V., Fluteau, F., Gérard, M., Quidelleur, X., Khadri, S. F. R., Subbarao, K. V., Thordarson, T., 2009, Determination of rapid Deccan eruptions across the Cretaceous-Tertiary boundary using paleomagnetic secular variation: 2. Constraints from analysis of eight new sections and synthesis for a 3500-m-thick composite section. *Journal of Geophysical Research*, vol. 114, B06103.

[20] Self, S., Blake, S., Sharma, K., Widdowson, M., Sephton, S., 2008, Sulfur and chlorine in Late Cretaceous Deccan magmas and eruptive gas release. *Science*, vol. 319, 1654–1657.

[21] Pierazzo, E., Hahmann, A. N., Sloan, L. C., 2003, Chicxulub and climate: Radiative perturbations of impact-produced S-bearing gases. *Astrobiology*, vol. 3, 99–118.

[22] Chenet, A. L., Courtillot, V., Fluteau, F., Gérard, M., Quidelleur, X., Khadri, S. F. R., Subbarao, K. V., Thordarson, T., 2009, Determination of rapid Deccan eruptions across the Cretaceous- Tertiary boundary using paleomagnetic secular variation: 2. Constraints from analysis of eight new sections and synthesis for a 3500-m-thick composite section. *Journal of Geophysical Research*, vol. 114, B06103.

[23] Wired Science, 2008, Massive Volcanic Eruptions Could Have Killed Off the Dinosaurs, *Wired Science*, Dec. 15.

[24] Keller, G., Adatte, T., Bajpai, S., Mohabey, D. M., Widdowson, M., Khosla, A., Sharma, R., Khosla, S. C., Gertsch, B., Fleitmann, D., Sahni, A., 2009, K-T

transition in Deccan Traps of central India marks major marine Seaway across India. *Earth and Planetary Science Letters*, vol. 282, 10–23.
[25] Keller, G., Adatte, T., Gardin, S., Bartolini, A., Bajpai, S., 2008, Main Deccan volcanism phase ends near the K–T boundary: Evidence from the Krishna–Godavari Basin, SE India. *Earth and Planetary Science Letters*, vol. 268, 293–311.
[26] Wignall, P. B., 2001, Large igneous provinces and mass extinctions. *Earth-Science Reviews*, vol. 53, 1–33.
[27][29][31] 後藤和久『決着！恐竜絶滅論争』〈岩波科学ライブラリー〉岩波書店(2011).
[28] Schulte, P., Speijer, R. P., Brinkhuis, H., Kontny, A., Claeys, P., Galeotti, S., Smit, J., 2008, Comment on the paper "Chicxulub impact predates K-T boundary: New evidence from Brazos, Texas" by Keller et al. (2007) - Discussion. *Earth and Planetary Science Letters*, vol. 269, 613–619.
[30] Keller, G., Adatte, T., Baum, G., Berner, Z., 2008, Reply to 'Chicxulub impact predates K-T boundary: New evidence from Brazos, Texas' Comment by Schulte et al. - Discussion. *Earth and Planetary Science Letters*, vol. 269, 620–628.
[32] Schulte, P., Alegret, L., Arenillas, I., Arz, J. A., Barton, P. J., Bown, P. R., Bralower, T. J., Christeson, G. L., Claeys, P., Cockell, C. S., Collins, G. S., Deutsch, A., Goldin, T. J., Goto, K., Grajales-Nishimura, J. M., Grieve, R. A. F., Gulick, S. P. S., Johnson, K. R., Kiessling, W., Koeberl, C., Kring, D. A., MacLeod, K. G., Matsui, T., Melosh, J., Montanari, A., Morgan, J. V., Neal, C. R., Nichols, D. J., Norris, R. D., Pierazzo, E., Ravizza, G., Rebolledo-Vieyra, M., Reimold, W. U., Robin, E., Salge, T., Speijer, R. P., Sweet, A. R., Urrutia-Fucugauchi, J., Vajda, V., Whalen, M. T., Willumsen, P. S., 2010, The Chicxulub asteroid impact and mass extinction at the Cretaceous-Paleogene boundary. *Science*, vol. 327, 1214–1218.
[33] この論文の内容は、後藤氏の『決着！恐竜絶滅論争』に詳しく解説されているので、一読をおすすめする。
[34] Keller, G., Adatte, T., Pardo, A., Bajpai, S., Khosla, A., Samant, B., 2010, Cretaceous extinctions: Evidence overlooked. *Science*, vol. 328, 974–975.
Courtillot, V., Fluteau, F., 2010, Cretaceous extinctions: The volcanic hypothesis. *Science*, vol. 328, 973–974.
[35] Archibald, J. D., Clemens, W. A., Padian, K., Rowe, T., Macleod, N., Barrett, P. M., Gale, A., Holroyd, P., Sues, H. D., Arens, N. C., Horner, J. R., Wilson, G. P., Goodwin, M. B., Brochu, C. A., Lofgren, D. L., Hurlbert, S. H., Hartman, J. H., Eberth, D. A., Wignall, P. B., Currie, P. J., Weil, A., Prasad, G. V. R., Dingus, L., Courtillot, V., Milner, A., Milner, A., Bajpai, S., Ward, D. J., Sahni, A., 2010, Cretaceous extinctions: Multiple causes. *Science*, vol. 328, 973.
[36] Punekar, J., Keller, G., Khozyem, H. M., Adatte, T., Font, E., Spangenberg, J., 2016, A multi-proxy approach to decode the end-Cretaceous mass extinction. *Palaeogeography, Palaeoclimatology, Palaeoecology*, vol. 441, 116–136.

第13章

[1] 大金薫，2013，放散虫（ポリキスティナ）の生細胞観察と培養実験から得られた知見と問題点．原生動物学雑誌，第46巻，5–19頁．

[2] Alvarez, W., Alvarez, L. W., Asaro, F., Kauffman, E. G., Michel, H. V., 1982, Current status of the impact theory for the terminal Cretaceous extinction. *Geological Society of America, Special Paper*, vol. 190, 305–315.
Alvarez, W., Kauffman, E. G., Surlyk, F., Alvarez, L. W., Asaro, F., Michel, H. V., 1984, Impact theory of mass extinctions and the invertebrate fossil record. *Science*, vol. 223, 1135–1141.

[3] ちなみに、衝突による火災、酸性雨、温暖化、オゾン層の破壊など、地球規模で影響を与える可能性のある仮説もあるが、大量絶滅まで結びついた理論は、いまのところこれしかない。詳しくは後藤和久『決着！恐竜絶滅論争』を参照。

[4] Hollis, C. J., 1993, Latest Cretaceous to Late Paleocene radiolarian biostratigraphy: A new zonation from the New Zealand region. *Marine Micropaleontology*, vol. 21, 295–327.
Hollis, C. J., Rodgers, K. A., Strong, C. P., Field, B. D., Rogers, K. M., 2003, Paleoenvironmental changes across the Cretaceous/Tertiary boundary in the northern Clarence valley, southeastern Marlborough, New Zealand. *New Zealand Journal of Geology and Geophysics*, vol. 46, 209–234.

[5] Jones, T. P., Lim, B., 2000, Extraterrestrial impacts and wildfires. *Palaeogeography, Palaeoclimatology, Palaeoecology*, vol. 164, 57–66.

[6][7] Belcher, C. M., Collinson, M. E., Sweet, A. R., Hildebrand, A. R., Scott, A. C., 2003, Fireball passes and nothing burns - The role of thermal radiation in the Cretaceous-Tertiary event: Evidence from the charcoal record of North America. *Geology*, vol. 31, 1061–1064.

[8] 2016年、東北大学の海保邦夫氏は、K/Pg境界にみられる有機分子は、ユカタン半島の地下に存在した有機物が衝突により燃焼し、放出された煤であることをあきらかにした。推定される煤の量からは、従来のような太陽光の遮断は期待できない一方で、煤が成層圏に放出されることにより引き起こされる緯度依存の気候変動が陸上と海洋の絶滅を引き起こしたと考えられている。詳しくは、東北大学プレスリリース（https://www.tohoku.ac.jp/japanese/2016/07/press20160714-01.html）および次の原著論文を参考のこと。Kaiho, K., Oshima, N., Adachi, K., Adachi, Y., Mizukami, T., Fujibayashi, M., Saito, R., 2016, Global climate change driven by soot at the K-Pg boundary as the cause of the mass extinction. *Scientific Reports*, vol. 6, 28427.

[9] Ohno, S., Kadono, T., Kurosawa, K., Hamura, T., Sakaiya, T., Shigemori, K., Hironaka, Y., Sano, T., Watari, T., Otani, K., Matsui, T., Sugita, S., 2014, Production of sulphate-rich vapour during the Chicxulub impact and implications for ocean acidification. *Nature Geoscience*, vol. 7, 279–282.

[10] D'Hondt, S., Pilson, M. E. Q., Sigurdsson, H., Hanson Jr., A. K., Carey, S., 1994, Surface–water acidification and extinction at the Cretaceous–Tertiary boundary. *Geology*, vol. 22, 983–986.
[11] Sepulveda, J., Wendler, J. E., Summons, R. E., Hinrichs, K. U., 2009, Rapid resurgence of marine productivity after the Cretaceous-Paleogene mass extinction. *Science*, vol. 326, 129–132.
[12] D'Hondt, S., Donaghay, P., Zachos, J. C., Luttenberg, D., Lindinger, M., 1998, Organic carbon fluxes and ecological recovery from the Cretaceous-Tertiary mass extinction. *Science*, vol. 282, 276–279.
D'Hondt, S., 2005, Consequences of the Cretaceous/Paleogene mass extinction for marine ecosystems. *Annual Review of Ecology, Evolution, and Systematics*, vol. 36, 295–317.
[13] Culver, S. J., 2003, Benthic foraminifera across the Cretaceous-Tertiary (K-T) boundary: A review. *Marine Micropaleontology*, vol. 47,177–226.
Alegret, L., Thomas, E., 2009, Food supply to the seafloor in the Pacific Ocean after the Cretaceous/Paleogene boundary event. *Marine Micropaleontology*, vol. 73, 105–116.
Alegret, L., Thomas, E., Lohmanne, K. C., 2012, End-Cretaceous marine mass extinction not caused by productivity collapse. *Proceedings of the National Academy of Sciences of the United States of America*, vol. 109, 728–732.
[14][18] Sepkoski, J. J., 2002, *A compendium of fossil marine animal genera*. Bulletins of American Paleontology, 363, 1–560.
[15] Sheehan, P. M., Hansen, T., 1986, Detritus feeding as a buffer to extinction at the end of the Cretaceous. *Geology*, vol. 14, 868–870.
Sheehan, P. M., Fastovsky, D. E., 1992, Major extinctions of land-dwelling vertebrates at the Cretaceous-Tertiary boundary, Eastern Montana. *Geology*, vol. 20, 556–560.
[16] Rhodes, M. C., Thayer, C. W., 1991, Mass extinctions: Ecological selectivity and primary production. *Geology*, vol. 19, 877–880.
Paul, C. R. C., Mitchell, S. F., 1994, Is famine a common factor in marine mass extinctions? *Geology*, vol. 22, 679–682.
[17] Jablonski, D., Raup, D. M., 1995, Selectivity of end-Cretaceous marine bivalve extinctions. *Science*, vol. 268, 389–391.
[19] 西弘嗣・尾田太良，2001，古環境指標としての浮遊性有孔虫．比較社会文化：九州大学大学院比較社会文化研究科紀要，第7巻，139–159頁．
[20] D'Hondt, S., Herbert, T. D., King, J., Gibson, C., 1996, Planktic foraminifera, asteroids, and marine production: Death and recovery at the Cretaceous-Tertiary boundary. *Geological Society of America, Special Paper*, vol. 307, 303–317.
[21] Landman, N. H., Goolaerts, S., Jagt, J. W. M., Jagt-Yazykova, E. A., Machalski, M., Yacobucci, M. M., 2014, Ammonite extinction and nautilid survival at the end of

the Cretaceous. *Geology*, vol. 42, 707–710.
〔22〕Arkhipkin, A., Laptikhivsky, V. V., 2012, Impact of ocean acidification on plankton larvae as a cause of mass extinctions in ammonites and belemnites. *Neues Jahrbuch für Geologie und Paläontologie, Abhandlungen*, vol. 266, 39–50.
〔23〕Gallagher, W. B., 1991, Selective extinction and survival across the Cretaceous/Tertiary boundary in the northern Atlantic coastal plain. *Geology*, vol. 19, 967–970.
Rhodes, M. C., Thayer, C. W., 1991, Mass extinctions: Ecological selectivity and primary production. *Geology*, vol. 19, 877–880.
〔24〕丸岡照幸『96%の大絶滅──地球史におきた環境大変動』技術評論社（2010）.
〔25〕Sheehan, P. M., Coorough, P. J., Fastovsky, D. E., 1996, Biotic selectivity during the K/T and Late Ordovician extinction events. *Geological Society of America, Special Paper*, vol. 307, 477–489.
〔26〕Wilf, P., Labandeira, C. C., Johnson, K. R., Ellis, B., 2006, Decoupled plant and insect diversity after the end-Cretaceous extinction. *Science*, vol. 313, 1112–1115.
〔27〕Longrich, N. R., Bhullar, B. A. S., Gauthier, J. A., 2012, Mass extinction of lizards and snakes at the Cretaceous-Paleogene boundary. *Proceedings of the National Academy of Sciences of the United States of America*, vol. 109, 21396–21401.
〔28〕Longrich, N. R., Tokaryk, T., Field, D. J., 2011, Mass extinction of birds at the Cretaceous-Paleogene（K-Pg）boundary. *Proceedings of the National Academy of Sciences of the United States of America*, vol. 108, 15253–15257.
〔29〕Gosler, A. G., Higham, J. P., Reynolds, S. J., 2005, Why are birds' eggs speckled? *Ecology Letters*, vol. 8, 1105–1113.
Pabian, S. E., Brittingham, M. C., 2011, Soil calcium availability limits forest songbird productivity and density. *The Auk*, vol. 128, 441–447.
〔30〕Baker, J. P., Christensen, S.W., 1991, Effects of Acidification on Biological Communities in Aquatic Ecosystems. In *Acidic deposition and aquatic ecosystems: Regional case studies*. Springer New York, 83–106.
Schindler, D. W., Mills, K. H., Malley, D. F., Findlay, D. L., Shearer, J. A., Davies, I. J., Turner, M. A., Linsey, G. A., Cruikshank, D. R., 1985, Long-term ecosystem stress: The effects of years of experimental acidification on a small lake. *Science*, vol. 228, 1395–1401.
〔31〕Maruoka, T., Koeberl, C., 2003, Acid-neutralizing scenario after the Cretaceous-Tertiary impact event. *Geology*, vol. 31, 489–492.
Retallack, G. J., 2004, End-Cretaceous acid rain as a selective extinction mechanism between birds and dinosaurs. In *Feathered dragons: studies on the transition from dinosaurs to birds*, Indiana University Press, 35–64.

エピローグ

〔1〕MacLeod, K. G., Whitney, D. L., Huber, B. T., Koeberl, C., 2007, Impact and

extinction in remarkably complete Cretaceous-Tertiary boundary sections from Demerara Rise, tropical western North Atlantic. *Geological Society of America Bulletin*, vol. 119, 101–115.

[2] D'Hondt, S., 2005, Consequences of the Cretaceous/Paleogene mass extinction for marine ecosystems. *Annual Review of Ecology Evolution and Systematics*, vol. 36, 295–317.

[3] Renne, P. R., Sprain, C. J., Richards, M. A., Self, S., Vanderkluysen, L., Pande, K., 2015, State shift in Deccan volcanism at the Cretaceous-Paleogene boundary, possibly induced by impact. *Science*, vol. 350, 76–78.

[4] Renne, P. R., Deino, A. L., Hilgen, F. J., Kuiper, K. F., Mark, D. F., Mitchell III, W. S., Morgan, L. E., Mundil, R., Smit, J., 2013, Time scales of critical events around the Cretaceous-Paleogene boundary. *Science*, vol. 339, 684–687.

[5] Richards, M. A., Alvarez, W., Self, S., Karlstrom, L., Renne, P. R., Manga, M., Sprain, C. J., Smit, J., Vanderkluysen, L., Gibson, S. A., 2015, Triggering of the largest Deccan eruptions by the Chicxulub impact. *Geological Society of America Bulletin*, vol. 127, 1507–1520.

Richards, M. A., Alvarez, W., Self, S., Karlstrom, L., Renne, P. R., Manga, M., Sprain, C. J., Smit, J., Vanderkluysen, L., Gibson, S. A., 2017, Triggering of the largest Deccan eruptions by the Chicxulub impact: Reply. *Geological Society of America Bulletin*, vol. 129, 256.

[6] Stone, M., 2015, What killed the dinosaurs was more devastating than an asteroid, Oct. 1. 〈http://gizmodo.com/what-killed-the-dinosaurs-was-more-devastating-than-an-1733831989〉

[7] チチュルブ・クレーター内部の堆積物を対象とした研究では、K/Pg境界で炭酸カルシウム含有量が急激に低下した後は、3万年という短期間で元のレベルの含有量に回復したとする説がある。

Lowery, C. M., Bralower, T. J., Owens, J. D., Rodríguez-Tovar, F. J., Jones, H., Smit, J., Whalen, M. T., Claeys, P., Farley, K., Gulick, S. P. S., Morgan, J. V., Green, S., Chenot, E., Christeson, G. L., Cockell, C. S., Coolen, M. J. L., Ferrière, L., Gebhardt, C., Goto, K., Kring, D. A., Lofi, J., Ocampo-Torres, R., Perez-Cruz, L., Pickersgill, A. E., Poelchau, M. H., Rae, A. S. P., Rasmussen, C., Rebolledo-Vieyra, M., Riller, U., Sato, H., Tikoo, S. M., Tomioka, N., Urrutia-Fucugauchi, J., Vellekoop, J., Wittmann, A., Xiao, L., Yamaguchi, K. E., Zylberman, W., 2018, Rapid recovery of life at ground zero of the end-Cretaceous mass extinction. *Nature*, vol. 558, 288–291.

尾上哲治（おのうえ・てつじ）
九州大学大学院理学研究院地球惑星科学部門教授。1977年、熊本県生まれ。博士（理学）。専門は地質学（層序学、古生物学）。世界各地の地層を調査し、天体衝突や宇宙塵の大量流入による環境変動、古生代・中生代の生物絶滅について研究している。鹿児島大学理学部助手、モンタナ大学客員教員、熊本大学大学院准教授を経て現職。著書に『地球全史スーパー年表』（岩波書店；共著）、『新しい地球惑星科学』（培風館；分担執筆）がある。趣味はサーフィン。休日はロングボードでのんびり過ごす。

装画・装丁　重実生哉
本文デザイン・組版　閑人堂

ダイナソー・ブルース
恐竜絶滅の謎と科学者たちの戦い

2020年2月28日　初版第1刷発行

著　者　尾上哲治
発　行　閑人堂
http://kanjindo.com/
e-mail　kanjin@kanjindo.com
印刷・製本　中央精版印刷株式会社

ISBN978-4-910149-00-4